FORSCHUNGSBERICHTE
DES WIRTSCHAFTS- UND VERKEHRSMINISTERIUMS
NORDRHEIN-WESTFALEN

Herausgegeben von Staatssekretär Prof. Leo Brandt

Nr. 99

Prof. Dr. G. Garbotz

Der Kraft- und Arbeitsaufwand sowie die Leistungen beim Biegen
von Bewehrungsstählen in Abhängigkeit von den Abmessungen,
den Formen und der Güte der Stähle (Ermittlung von Leistungsrichtlinien)

Als Manuskript gedruckt

Springer Fachmedien Wiesbaden GmbH

ISBN 978-3-663-03385-1   ISBN 978-3-663-04574-8 (eBook)
DOI 10.1007/978-3-663-04574-8

Forschungsberichte des Wirtschafts- und Verkehrsministeriums Nordrhein-Westfalen

Gliederung

Einleitung .... S. 5

    A. Allgemeines .... S. 5

    B. Frühere Untersuchungen .... S. 6

1. Der Kraft- und Arbeitsaufwand der Maschinen .... S. 8

    1.1 Der Biegevorgang .... S. 8

    1.2 Die beim Biegen erforderlichen Kräfte .... S. 12

        1.21 Die Größe des erforderlichen Biegemomentes
            (rechnerische Ermittlung) .... S. 12

        1.22 Die Versuchseinrichtung zur Messung der Biegemomente S. 18

        1.23 Die Versuchsdurchführung und der Umfang der Versuche S. 23

        1.24 Die Auswertung und die Ergebnisse der Vorversuche   S. 29

        1.25 Die Auswertung und die Ergebnisse der Hauptversuche S. 46

        1.26 Die Auswertung und die Ergebnisse der Kontroll-
            versuche .... S. 63

    1.3 Der beim Biegen erforderliche Arbeitsaufwand .... S. 68

        1.31 Die Berechnung der Formänderungsarbeit aus den
            inneren Spannungen .... S. 68

        1.32 Die Berechnung der Formänderungsarbeit aus den
            äußeren Kräften .... S. 7o

        1.33 Die Formänderungsarbeit beim Biegen mit den nach
            DIN 1o45 vorgeschriebenen Mindest-Biegedurchmessern
            in Abhängigkeit vom Stabdurchmesser und der Streck-
            grenze .... S. 74

        1.34 Die Vergleichsmessungen an einer Biegemaschine ... S. 74

        1.35 Die zulässige Maschinenbeanspruchung .... S. 76

2. Der Aufwand an Arbeitsstunden durch das Bedienungspersonal -
   Ermittlung von Leistungsrichtwerten .... S. 77

    2.1 Die Voraussetzungen für die Gültigkeit der Leistungs-
        richtwerte .... S. 77

        2.11 Die Einrichtung des Arbeitsplatzes .... S. 77

        2.12 Die Arbeitsausführung .... S. 86

2.2 Die Zeitstudien, Aufnahme und Auswertung . . . . S. 88

    2.21 Die Durchführung der Zeitaufnahmen . . . . S. 88

    2.22 Die Auswertung und die Ergebnisse der Zeitaufnahmen S. 89

    2.23 Der Vergleich der Ergebnisse mit früher veröffentlichten Leistungswerten . . . . S. 109

2.3 Die Bestimmung der Biegezeiten aus den in der Praxis vorliegenden Unterlagen mit Hilfe der Leistungsrichtwerte S. 112

3. Zusammenfassung der Ergebnisse . . . . S. 113

  3.1 Der Kraft- und Arbeitsaufwand der Maschine . . . . S. 113

  3.2 Der Aufwand an Arbeitsstunden durch das Bedienungspersonal . . . . S. 115

Literaturverzeichnis . . . . S. 121

Forschungsberichte des Wirtschafts- und Verkehrsministeriums Nordrhein Westfalen

Einleitung

A. Allgemeines

Nachdem mit der fortschreitenden Entwicklung des Stahlbetonbaues das Biegen von Bewehrungsstählen bei der Erstellung von Stahlbetonbauten einen breiten Raum eingenommen hat, stellte sich der Verfasser auf Anregung von Herrn Prof. Dr. G. GARBOTZ die Aufgabe, den Vorgang des Betonstahlbiegens genau zu studieren und die sich aus der Themenstellung ergebenden Fragen zu klären. Danach gliedert sich die Aufgabe in zwei Teile:

> 1. Die Ermittlung des Kraft- und Arbeitsaufwandes - also die Frage nach der Maschinenbeanspruchung.
>
> 2. Die Ermittlung von Leistungsrichtwerten.

Der erste Teil der Arbeit erstreckte sich auf Laborversuche, denn eine Messung der Kräfte an Biegemaschinen auf Baustellen wäre ohne erhebliche Behinderung der Arbeit nicht möglich gewesen. Die Versuche wurden mit einer selbst gebauten Biegeeinrichtung durchgeführt. An einer Biegemaschine wurden lediglich einige Vergleichsmeßreihen gefahren.

Die erforderlichen Probestähle von insgesamt 1,5 t verschiedenster Güten wurden von folgenden Hüttenwerken kostenlos geliefert:

> Hüttenwerk Haspe AG., Hagen-Haspe,
> Hüttenwerke Ilsede-Peine AG., Peine,
> Niederrheinische Hütte AG., Duisburg,
> Hüttenwerke Phoenix AG., Duisburg-Ruhrort,
> Hüttenwerk Rheinhausen AG., Rheinhausen,
> Westfalenhütte AG., Dortmund.

Die Meßinstrumente wurden vom Institut für Baumaschinen und Baubetrieb gestellt. Für die Vergleichsmessungen stellte die Firma Heinemann & Busse KG., Aachen, eine Biegemaschine zur Verfügung.

Der zweite Teil der Versuche, die Arbeitsstudien, vor allem Arbeitszeitstudien, wurden auf den Biegeplätzen bzw. Baustellen der Firmen:

> Philipp Holzmann AG., Frankfurt,
> Heinemann & Busse KG., Aachen,
> Arbeitsgemeinschaft B. Röthenburger GmbH., Aachen,

Forschungsberichte des Wirtschafts- und Verkehrsministeriums Nordrhein Westfalen

> Bauer & Co., KG., Köln,
> Arbeitsgemeinschaft Beton- u. Monierbau AG., Düsseldorf,
> Derichs & Konertz, Aachen,
> Heinemann & Busse KG., Aachen

durchgeführt.

Finanzielle Unterstützung fand die Arbeit durch die Gesellschaft von Freunden der Aachener Hochschule und das Wirtschaftsministerium Nordrhein-Westfalen. Allen Förderern und Gönnern dieser Arbeit, Herrn Prof. Dr. GARBOTZ für seine Ratschläge und Hinweise, den Geldgebern für ihre finanzielle Förderung, den Hüttenwerken für die großzügige Stahllieferung, den Baufirmen für die Ermöglichung der Studien in ihren Betrieben und nicht zuletzt Herrn Dipl.-Ing. FRENKING und dem Institutmechaniker Herrn BEGASSE für ihre unermüdliche Mitarbeit beim Aufbau der Versuchseinrichtung und der Durchführung der Versuche, gilt an dieser Stelle der aufrichtige Dank des Verfassers.

B. Frühere Untersuchungen

Da die Kaltverformung durch Biegen in der Werkstoffverarbeitung eine untergeordnete Rolle spielt, und in erster Linie nur für Bleche angewendet wird, ist die hierüber vorliegende Literatur entsprechend spärlich. Mit Ausnahme einiger Versuchsberichte über das Studium der Werkstoffcharakteristiken (z.B. Spannungsdehnungsdiagramme) handelt es sich hier um rein theoretische Abhandlungen. In keinem Falle wurde bisher über eine experimentelle Ermittlung der beim Biegevorgang erforderlichen Momente berichtet, so daß auf keinerlei Werte zurückgegriffen werden konnte.

Auch für die rechnerische Lösung sind in der Literatur ohne irgendwelche konkreten Angaben nur Möglichkeiten der Lösung angedeutet, und der Spezialfall des Biegens runder Stäbe wurde gar nicht behandelt. Die von den Biegemaschinen-Firmen in Prospekten, Bedienungsanweisungen und Lehrschriften erwähnten Untersuchungen bezogen sich, soweit sie dem Verfasser zugänglich waren, nur auf das Verhalten der Stähle beim Biegen (Gefügeänderungen, Brüche usw.), aber nicht auf die Beanspruchungen der Maschinen. Die bisherigen Veröffentlichungen, die jeweils im Text der Arbeit zitiert werden, konnten daher lediglich einen Anhalt für die zu untersuchenden Einflußgrößen geben.

Für die Leistungsermittlung konnte auf die bewährten Refa-Methoden zurückgegriffen werden. Eine speziell auf das Bauwesen zugeschnittene Arbeit von Dr. Ing. SAUER [1] leistete hierbei gute Dienste.

Die bereits früher vorliegenden Leistungsrichtwerte sind nur sehr unbefriedigend. Sie zeichnen sich durch große Schwankungsbereiche aus. Daraus jeweils den richtigen Wert zu treffen, bleibt der Geschicklichkeit jedes einzelnen überlassen. So gibt zum Beispiel BAUMEISTER [2] in seinem Buche "die Leistungsfähigkeit einer Biegemaschine bei vier Arbeitern von 2 - 15 t täglich" an; oder "für das Biegen von 1 t Bewehrungsstahl sind 8 - 15 Arbeitstunden erforderlich". Die angegebenen Werte müssen, nachdem sie nur auf das Gewicht bezogen sind, so stark schwanken. Wie in der Arbeit später gezeigt wird, sind die übrigen, hier gar nicht erwähnten Bezugsgrößen nicht zu vernachlässigen, wenn man zu brauchbaren Werten kommen will. Eine vom Institut für Bauforschung e.V. (Dr. TRIEBEL), Hannover, geführte Richtwertkartei mit Angaben über Leistungswerte beim Schneiden, Richten und Biegen von Baustahl stand dem Verfasser erst nach Abschluß der eigenen Ermittlungen zur Verfügung. Sie umfaßte bis dahin 22 Karten der Position "Baustahlbiegen", erstreckte sich aber nur auf Stäbe der Durchmesser 12 und 16 mm und auf die Stabformen 1 und 5 (vergl. Tab. 11 und 18). Die so nur in beschränktem Maße möglichen Vergleiche wurden unter 2.23 (Seite 109) gezogen. Inwieweit einzelne Baufirmen über brauchbare Erfahrungswerte verfügen, kann nicht beurteilt werden. Jedenfalls konnte auf das dem Verfasser bekannte Zahlenmaterial nicht zurückgegriffen werden, und alle Unterlagen der Berechnung wurden auf den angegebenen Baustellen zusammengetragen.

Forschungsberichte des Wirtschafts- und Verkehrsministeriums Nordrhein-Westfalen

1. Der Kraft- und Arbeitsaufwand der Maschinen

1.1 Der Biegevorgang

Nach der Einführung des Rundstahles als Bewehrungseinlage für den Stahlbeton wurden die Biegungen zunächst von Hand mit Kreppeisen oder mit der Maschine im Gesenk hergestellt.

Früher DRP. u. Ausl.-Pat.

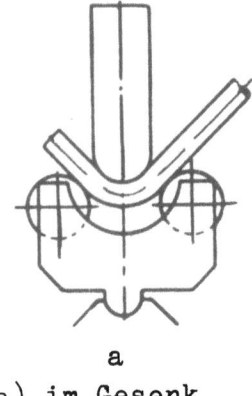
a) im Gesenk

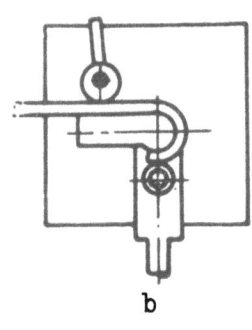
b) um eine Rolle mit fest eingeklemmtem Stabende

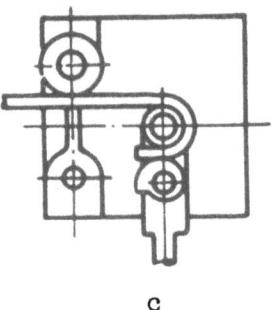
c) um eine Rolle mit freiem Stabende und eingespannten Hakenspitze

Abbildung 1

Verschiedene Methoden des Biegens von Betonstahl

(nach "Lehrschrift der Futura")

Später ging man allgemein zu dem Verfahren des "Biegens um Rollen" über, und auch alle heute verwendeten Biegemaschinen arbeiten nach diesem Verfahren.

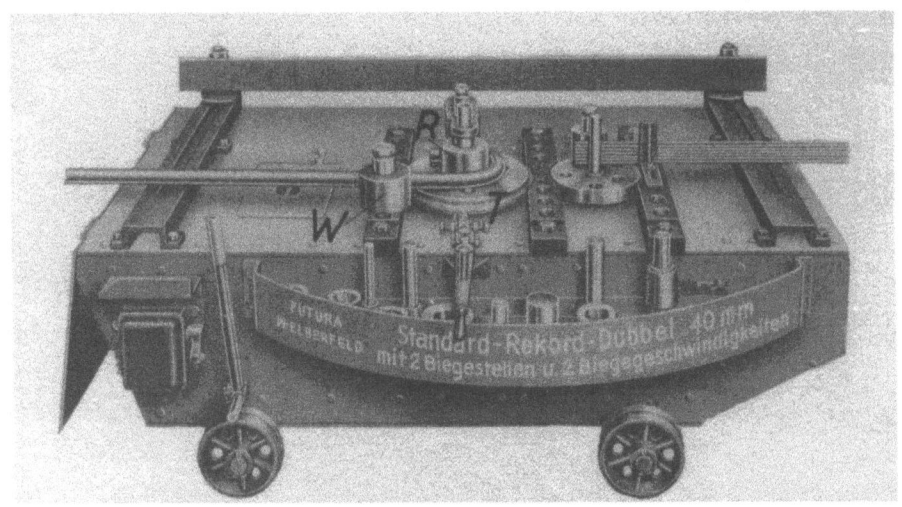

Abbildung 2a

Betonstahlbiegemaschine Standard-Rekord-Dubbel 40 mm Fabrikat Futura, Wuppertal-E.

Abbildung 2b

Betonstahlbiegemaschine Perfekt 4o Fabrikat Peddinghaus, Gevelsberg

Ein auf dem Maschinentisch befindlicher drehbarer Biegeteller (T) ist in seiner Achse mit einer durch Aufsteckhülsen im Durchmesser veränderbaren Biegerolle (R) verbunden und mit einem im Abstand vom Mittelpunkt verstellbaren Exzenter (E) versehen. Zwischen Biegerolle und Exzenter wird der zu biegende Stab, mit dem späteren Hakenanfangspunkt die Biegerolle tangierend, eingelegt.

Beim Biegen wird der Stab durch die Tellerdrehung vom Exzenter gegen die Biegerolle gedrückt und gleitend um diese herumgezogen. Der Gegendruck wird möglichst dicht bei der Hakenwurzel durch eine dritte, feststehende Rolle (W) oder bei dünnen Stäben zur Erzielung sauberer Haken auch durch ein verlängertes Widerlager (vergl. Abb. 23) aufgenommen. Diese Art der Formgebung gibt den größten Ausgleich der beim Biegen auftretenden Spannungen und Stauchungen sowie ein genaues Biegen.[3] Soweit die Stähle die vorgeschriebenen Eigenschaften besitzen, treten nach Angaben der Biegemaschinenfirmen keine Beschädigungen durch die Kaltverformung auf, wie das bei der Anwendung anderer Biegeverfahren möglich ist. Für nicht zu hohe Aufbiegungen (vergl. Tab. 11) kann das vereinfachte Verfahren mit Biegeflügel angewendet werden, bei dem der untere und obere Knick einer Aufbiegung in einem Arbeitsgang gleichzeitig hergestellt werden.

Auf dem Biegeteller wird der Biegeflügel befestigt, wodurch der Abstand der Exzenterrolle vom Tellermittelpunkt erheblich vergrößert werden kann. Die Biegerolle in Tellermitte entfällt. An der einen Biegestelle wird der

Forschungsberichte des Wirtschafts- und Verkehrsministeriums Nordrhein-Westfalen

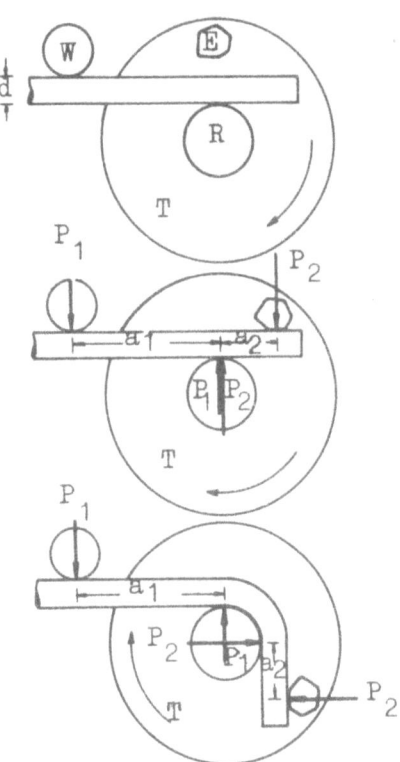

1. Einlegen des Stabes

2. Andrücken des Stabes an die Biegerolle durch den Exzenterbolzen Beginn der Kraftwirkung

3. Während des Biegevorganges

Abbildung 3
Der Biegevorgang

Abbildung 4a
Futura-Betonstahlbiegemaschine mit Biegeflügel zur Herstellung von Doppelbiegungen

Abbildung 4b
Peddinghaus-Biegemaschine mit Biegeflügel zur Herstellung
niedriger Doppelbiegungen

Abbildung 4c
Peddinghaus-Biegemaschine mit Biegeflügel zur Herstellung
hoher Doppelbiegungen

Stab gegen eine feststehende Rolle (F) gelegt, an der anderen durch die Rolle (B) des Biegeflügels erfaßt, und von dieser gegen die verstellbare Anschlagschiene an der Maschinenrückseite gedrückt. Der Widerlagerdruck wird in der Nähe der Rolle (F) aufgenommen.

Auf weitere Spezialvorrichtungen, wie Richt- und Spiralbiegevorrichtung, Scherbügelvorrichtung usw. kann hier nicht weiter eingegangen werden. Sie werden in der Praxis zu selten gebraucht, als daß hierfür Leistungsrichtwerte von Interesse wären.

1.2 Die beim Biegen erforderlichen Kräfte

1.21 Die Größe des erforderlichen Biegemomentes (rechnerische Ermittlung)

Die von den drei Rollen auf den Stab übertragenen Kräfte bilden, wie Abbildung 3 zeigt, stets zwei sich das Gleichgewicht haltende Kräftepaare von der Größe des erforderlichen Momentes. Auf den stetig größer werdenden, bereits gebogenen Teil des Stabes wirkt das volle Moment $P_1 \times a_1 = P_2 \times a_2$, das in den noch unverformten Stabteilen bis zu den Kraftangriffspunkten von P_1 und P_2 geradlinig bis auf Null abfällt. (In der Praxis werden an der Biegerolle keine Einzellasten wirken, sondern es wird sich eine über den vom Stab berührten Teil der Biegerolle verteilte Belastung mit der gleichen Resultierenden bilden. Für die vorliegenden Überlegungen genügt aber diese vereinfachende Annahme). Das Kräftepaar $P_2 \times a_2$ wird während des Biegevorganges in seiner Wirkungsfläche verschoben (es leistet Arbeit), während das Kräftepaar $P_1 \times a_1$ seine Lage beibehält. Dabei wird der noch unverformte Stabteil stetig in die Einspannung hineingezogen und hier unter der Einwirkung des vollen Momentes gebogen.

Da die Formänderung in den plastischen Bereich fällt, gilt die Biegetheorie schlanker Stäbe, deren Formänderungen nicht dem HOOKEschen Gesetz gehorchen [4]; sie liegt den folgenden Ausführungen zugrunde.

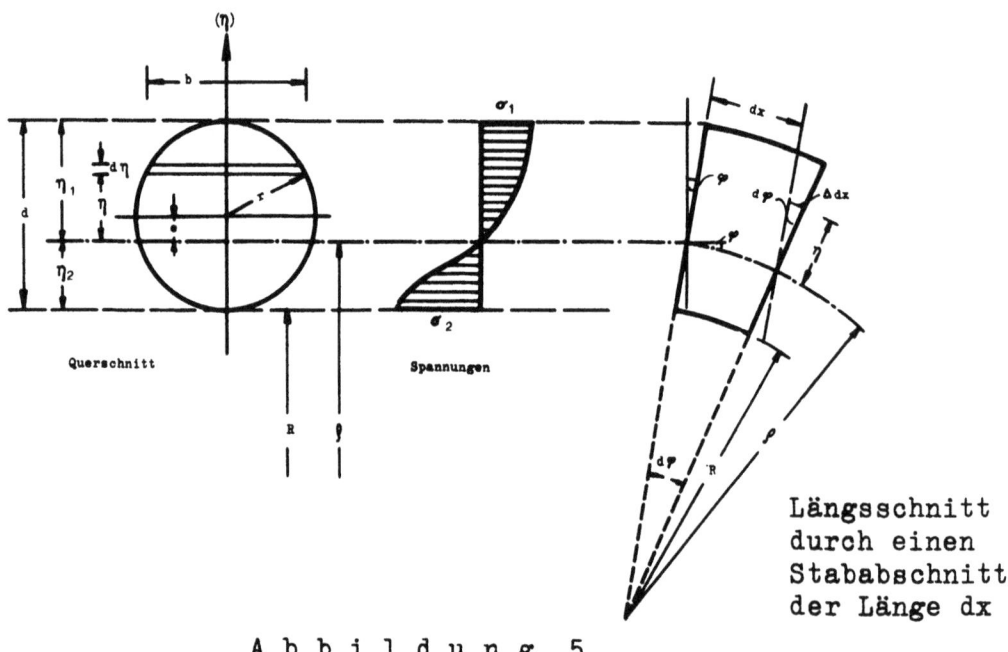

Abbildung 5

Querschnitt-Spannungsverteilung-Längsschnitt eines gebogenen Stabes

Beim Biegen eines Stabes neigen sich zwei benachbarte Querschnitte x und dx gegeneinander um den Winkel $d\varphi$. Die Querschnitte selbst können als eben angenommen werden.[5] Eine Länge dx im Abstande η von der O-Linie wird dabei um Δdx gelängt, d.h. die spezifische Dehnung in der Entfernung η ist gleich $\varepsilon = \frac{\Delta dx}{dx}$

oder, da
$$\frac{\Delta dx}{dx} = \frac{\eta}{\varrho}$$

(1) ist auch
$$\varepsilon = \frac{\eta}{\varrho}$$

wobei ϱ der Krümmungsradius der O-Linie ist.

Da die inneren Spannungen den äußeren Kräften (hier dem Moment $M = P_1 \times a_1 = P_2 \times a_2$) das Gleichgewicht halten, gelten für einen abgeschnittenen Stabteil die Gleichgewichtsbedingungen:

(2) $$\int \sigma \cdot dq = 0$$

(3) $$\int \sigma \cdot \eta \cdot dq = M$$

dq ist ein Querschnittselement an der Stelle η, und σ die in ihm übertragene Normalspannung.

Die Normalspannungsverteilung über den Querschnitt ergibt sich entsprechend der Formänderungskurve für Biegung $\sigma = f(\varepsilon)$, die nach Versuchen von SIEBEL und VIEREGGE [6] verschieden von der für Zug oder Druck verläuft, aus der bekannten Dehnung.

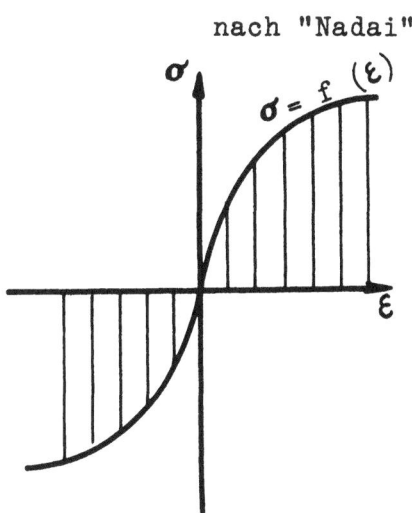

Abbildung 6
Formänderungskurve
für Biegung

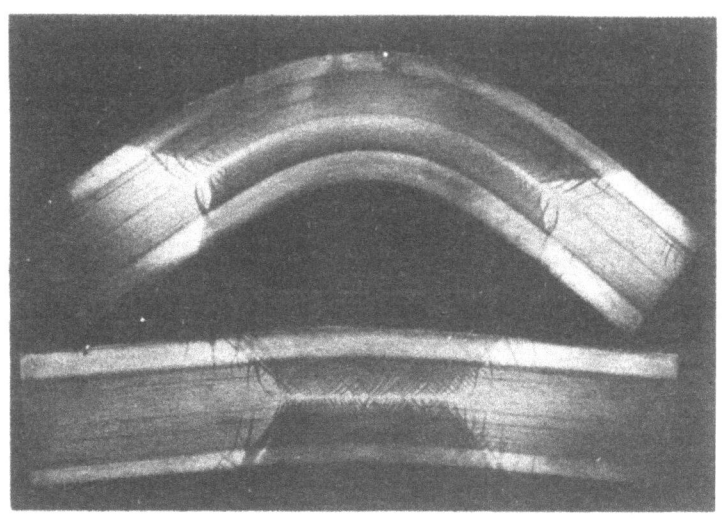

Abbildung 7
Druckseitige Verschiebung der O-Linie

Die O-Achse liegt nicht, wie das bei symmetrischen Querschnitten im elastischen Bereich der Fall ist, in der Stabachse, sondern verschiebt sich infolge des verschiedenen Verlaufes der Formänderungskurve für Zug und Druck zur Druckseite hin. [7) Die Spannungsverteilung ist also trotz des symmetrischen Querschnittes unsymmetrisch (vergl. Abb. 5).

Bezeichnet man die Querschnittsbreite an der Stelle η mit

$$b = g(\eta)$$

so ist

$$dq = g(\eta) \cdot d\eta$$

und unter Einbeziehung von Gleichung (1) wird aus Gleichung (2) die Gleichung

$$(4) \qquad \int_{\eta_1}^{\eta_2} \sigma \cdot dq = \rho \int_{-\varepsilon_1}^{\varepsilon_2} f(\varepsilon) \cdot g(\rho, \varepsilon) \, d\varepsilon = 0$$

$\varepsilon_1 = \eta_1/\rho$ und $\varepsilon_2 = \eta_2/\rho$ sind die Absolutwerte der spezifischen Dehnungen in den am weitesten von der O-Achse entfernten Querschnittspunkten. Da $\eta_1 + \eta_2 = d$ ist, ist $\varepsilon_1 + \varepsilon_2 = \dfrac{\eta_1 + \eta_2}{\rho} = \dfrac{d}{\rho}$

und

$$(5) \qquad \varepsilon_2 = \frac{d}{\rho} - \varepsilon_1$$

Die obere Grenze ε_2 des Integrals ist also durch ε_1 und ρ mitbestimmt. Bei gegebenen Funktionen $f(\varepsilon)$ und $g(\eta)$ kann aus der Integralbedingung nach Gleichung (4)

$$(6) \qquad \int_{-\varepsilon_1}^{\varepsilon_2} f(\varepsilon) \cdot g(\rho, \varepsilon) \, d\varepsilon = 0$$

für jedes ε_1 das zugehörige ρ und umgekehrt gefunden werden. Das zu einem Wertepaar $\varepsilon_1; \varepsilon_2$ (bzw. über $\sigma = f(\varepsilon)$ zu $\sigma_1; \sigma_2$) zugehörige Biegemoment M errechnet sich dann aus der Gleichung (3).

Für den Kreisquerschnitt ergibt sich als Funktion der Querschnittsbreite

$$b = g(\eta) = 2 \cdot \sqrt{r^2 - (\eta - e)^2} = 2 \cdot \sqrt{r^2 - (\rho \cdot \varepsilon - e)^2}$$

Die Größe der Exzentrizität der O-Linie e ist durch die geometrische Beziehung

Forschungsberichte des Wirtschafts- und Verkehrsministeriums Nordrhein-Westfalen

$$\eta_1 - e = r$$
$$\varepsilon_1 \cdot \varrho - e = r$$
(7) $$e = \varepsilon_1 \cdot \varrho - r = \psi(\varrho)$$

mit ε und ϱ verknüpft, also auch von der Formänderungskurve $\sigma = f(\varepsilon)$ abhängig.

Es gibt also jeweils nur eine Wertegruppe ε, ϱ und e, die den Bedingungen (6) und (7) genügt.

Eine der drei Größen ist frei wählbar, die beiden anderen ergeben sich dann zwangsläufig.

Aus der Querschnittsfunktion wird unter Beachtung von (7)

(8) $$g(\varrho, \varepsilon) = 2 \cdot \sqrt{r^2 - (\varrho \cdot \varepsilon - \varrho \cdot \varepsilon_1 + r)^2}$$

und aus (6) und (8) wird

(9) $$2 \int_{-\varepsilon_1}^{\varepsilon_2} f(\varepsilon) \sqrt{r^2 - (\varrho \cdot \varepsilon - \varrho \cdot \varepsilon_1 + r)^2} \cdot d\varepsilon = 0$$

Durch diese Gleichung wird eine Funktion $\varepsilon_1 = \varphi(\varrho)$ bestimmt, die man, wenn keine analytischen Ausdrücke für $\sigma = f(\varepsilon)$ vorliegen, punktweise bestimmen kann. Hierbei bedient man sich zweckmäßig graphischer Methoden: Man wählt zu einem angenommenen ε_1 verschiedene ϱ, multipliziert $f(\varepsilon)$ unter Einsetzung dieser Werte mit dem Wurzelausdruck der Gleichung (9) und erhält für jedes ϱ eine Kurve

$$F(\varepsilon) = f(\varepsilon) \sqrt{r^2 - (\varrho \cdot \varepsilon - \varrho \cdot \varepsilon_1 + r)^2}$$

Das Integral dieser Kurven $\int_{-\varepsilon_1}^{\varepsilon_2} F(\varepsilon) \, d\varepsilon$ findet man durch planimetrieren.

Die untere Grenze ε_1 bleibt konstant, die obere ändert sich für jedes ϱ gemäß Gleichung (5). Trägt man diese Integralwerte über dem Krümmungsradius auf, so zeigt die 0-Stelle der entstehenden Kurve den zu ε_1 zugehörigen ϱ-Wert, der die Gleichung (9) für gewähltes ε_1 erfüllt.

Auf gleichem Wege findet man für weitere Werte ε_1 zugehörige ϱ und somit Punkte der Funktion

(10a) $$\varepsilon_1 = \varphi(\varrho)$$

und nach Umrechnung durch Gleichung (5)

(10b) $$\varepsilon_2 = \chi(\varrho)$$

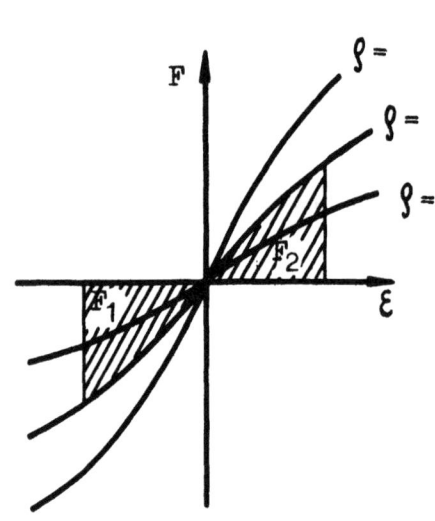
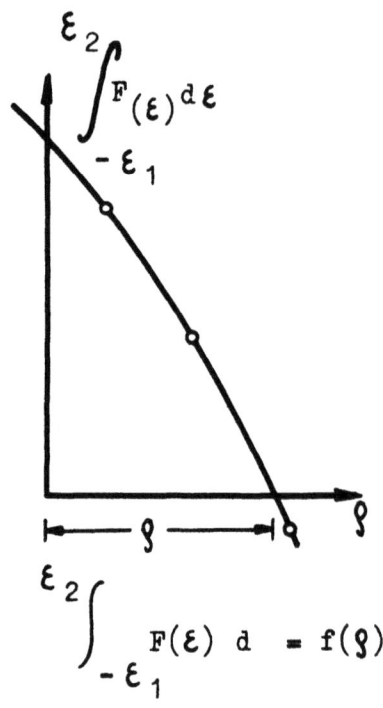

$$F(\varepsilon) = f(\varepsilon) \cdot \sqrt{r^2 - (\varrho \cdot \varepsilon - \varrho \cdot \varepsilon_1 + r)^2}$$

$$\int_{-\varepsilon_1}^{\varepsilon_2} F(\varepsilon)\, d\varepsilon = f(\varrho)$$

Abbildung 8a   Abbildung 8b

oder über Gleichung (7)

(10c) $\qquad e = \psi(\varrho)$

Da beim Biegen von Bewehrungsstählen nicht der Krümmungsradius ϱ, sondern nur der lichte Durchmesser der Biegung $D = 2R$ bekannt ist, sind folgende aus (10) ableitbare Beziehungen von Bedeutung:

(11) $\qquad \varrho = \vee(R)$

Hierbei wird R für verschiedene ϱ aus (10 c) und der Bedingung

$$\varrho + e - \frac{d}{2} = R$$

errechnet.

Aus (10 a) und (11) folgt dann

(11a) $\qquad \varepsilon_1 = \phi(R)$

Aus (10 b) und (11) folgt

(11b) $\qquad \varepsilon_2 = \chi(R)$

Aus (10 c) und (11) oder auch aus $\varrho + e - \frac{d}{2} = R$ folgt

(11c) $\qquad e = \psi(R)$

Für die Berechnung des Momentes M genügen die Beziehungen (11), (11 a) und (11 b).

Nach Gleichung (3) war

$$M = \int \sigma \cdot \eta \cdot dq$$

wobei $\sigma = f(\varepsilon)$ die Formänderungskurve darstellt, $\eta = \varepsilon \cdot \rho$ oder $d\eta = \rho \cdot d\varepsilon$ aus Gleichung (1) hervorgeht, und

$$dq = g(\eta) \, d\eta = g(\rho, \varepsilon) \, \rho \cdot d\varepsilon$$

sich aus der Querschnittsfunktion speziell für den Kreis zu

$$dq = 2 \cdot \sqrt{r^2 - (\rho \cdot \varepsilon - \rho \cdot \varepsilon_1 + r)^2}$$

ergibt, so daß

(12)
$$M = 2\rho^2 \int_{-\varepsilon_1}^{\varepsilon_2} \sqrt{r^2 - (\rho\varepsilon - \rho\varepsilon_1 + r)^2} \, f(\varepsilon) \cdot \varepsilon \, d\varepsilon$$

Für diese Gleichung empfiehlt sich ebenso wie bei (9) wegen der Kompliziertheit und der meist analytisch nicht bekannten Form von $\sigma = f(\varepsilon)$ eine punktweise Lösung.

Man findet für ein graphisch gegebenes Spannungsdehnungsdiagramm $\sigma = f(\varepsilon)$, für einen gegebenen Biegeradius R und einen gegebenen Stabdurchmesser d das Moment folgendermaßen:

aus (11)   ergibt sich ρ
aus (11 a)   ergibt sich ε_1
aus (11 b)   ergibt sich ε_2

$f(\varepsilon)$ wird unter Beachtung dieser Werte ρ und ε_1 mit

$$\varepsilon \cdot \sqrt{r^2 - (\rho \cdot \varepsilon - \rho\varepsilon_1 + r)^2}$$

multipliziert und die so entstehende Funktion $G(\varepsilon)$ wieder über ε aufgetragen. Durch Planimetrieren in den Grenzen ε_1 bis ε_2 findet man den Integralwert, der mit $2\rho^2$ multipliziert das gesuchte Moment ergibt.

Wie die vorstehenden Ausführungen zeigen, ist diese Methode der Momentenberechnung sehr langwierig und umständlich. Daher wurde in der vorliegenden Arbeit auch statt des rechnungsmäßigen der empirische Weg beschritten und für verschiedene Stahlsorten (verschiedene $\sigma = f(\varepsilon)$), Stab- und Biegedurchmesser die beim Biegevorgang wirkenden Momente gemessen. Wie die theoretische Entwicklung (Gleichung 12) zeigt, ist die Größe des Momentes von drei Faktoren, nämlich

Forschungsberichte des Wirtschafts- und Verkehrsministeriums Nordrhein-Westfalen

1. der Stahlsorte (Formänderungsdiagramm)
2. dem Stabdurchmesser d
3. dem Biegeradius R = D/2

abhängig.

Eine Abhängigkeit von der Biegegeschwindigkeit, die gering vorhanden sein soll [8], tritt nicht direkt in Erscheinung. Sie macht sich durch eine Beeinflussung des Verfestigungsvorganges und damit in der Änderung des Formänderungsdiagrammes des Werkstoffes bemerkbar. Dies ist ein weiterer Grund für die versuchsmäßige Momentenermittlung, da die der Berechnung zugrundeliegende Formänderungskurve sonst für die verschiedensten Geschwindigkeiten aufgenommen werden müßte. Schließlich spricht auch die Tatsache, daß die Formänderungskurven normalerweise gar nicht vorliegen und auch bei den Stahlgüteprüfungen [9] nicht verlangt werden, ja nur auf sehr umständliche Weise zu ermitteln sind, für die einfachere Methode der versuchsmäßigen Ermittlung der Momente.

Die an den Rollen auftretenden Kräfte ergeben sich aus den geometrischen Beziehungen zu

$$P_1 = \frac{M}{a_1} \qquad \text{und} \qquad P_2 = \frac{M}{a_2}$$

Die Kraft an der Biegerolle (R) ist gleich der geometrischen Summe P_1+P_2, sie ändert sich ständig nach Größe und Richtung.

1.22 Die Versuchseinrichtung zur Messung der Biegemomente

So wie mit den Biegemaschinen wurden auch mit der Versuchseinrichtung die Biegungen auf einem Biegeteller (T) mit einem im Abstande vom Mittelpunkt verstellbaren Exzenter (E) und einer festen Widerlagerrolle (W) um eine zentrische im Durchmesser veränderbare Biegerolle (R) hergestellt. Der Biegeteller wurde über einen Seilzug, in den zur Bestimmung der im Seil auftretenden Kräfte eine Meßvorrichtung eingebaut war, durch eine Winde angetrieben. Der Durchmesser des Biegetellers wurde mit 63,5 cm so bemessen, daß der Tellerumfang 2 m und somit der Seilvorschub bei der Tellerdrehung um 180° 1 m und das Biegemoment in (m kg) das 0,318-fache der in (kg) gemessenen Seilkraft betrug.

Als Windenantrieb dienten 2 auf starrer Welle laufende Elektromotoren von 24 V, 50 A, von denen einer als Haupt- und einer als Doppelschlußmotor betrieben wurde.

Forschungsberichte des Wirtschafts- und Verkehrsministeriums Nordrhein-Westfalen

Abbildung 9
Die Versuchseinrichtung

Abbildung 10a
Die Winde mit Antrieb

Dadurch wurde ein Durchgehen der Motoren im Leerlauf vermieden, und bei geringerer Lastabhängigkeit war durch Schwächung des Nebenschlußfeldes die Möglichkeit der Drehzahlregelung gegeben. Die mit langem Anker und geringem Durchmesser gewählte Ausführung gewährleistete ein schnelles Hochlaufen. Durch die Ausstattung mit Magnetbremse und Magnetkupplung konnte eine schlagartige Unterbrechung des Biegevorganges erreicht werden.

Ein Nebenschlußgenerator erzeugte, durch einen Drehstrommotor angetrieben, den benötigten Strom von 24 V und 115 A. Die Generatorspannung wurde bei

Abbildung 10b
Der Generatorantrieb

unterschiedlicher Last durch einen Kohledruckregler konstant gehalten. Die Schaltvorrichtung (Drucktasten für Meßvorrichtung, Einschalten, Ausschalten und Rücklauf) war so ausgelegt, daß ein Schalten der Einzelvorgänge nur in der gewünschten Reihenfolge möglich war. Nur nach Umlegen eines Schalters war eine Einzelbedienung möglich.

Gleichzeitig mit dem Einschalten der Antriebsmotoren wurde ein Vorwiderstand im Erregerkreis des Generators kurzgeschlossen, um einen größeren Spannungsabfall, als der Regelbereich des Kohledruckreglers zuläßt, zu vermeiden, und die Leerlaufspannung des Generators auf dem gewünschten Wert zu halten. Das Ausschalten des Antriebes erfolgte selbständig durch einen Endschalter, der so eingestellt wurde, daß die Biegung 180° ausmachte. Zur Überwachung des ordnungsgemäßen Versuchsablaufes waren neben der Schaltvorrichtung folgende Meßgeräte angebracht:

1 Voltmeter zur Kontrolle der Generatorspannung,
1 Amperemeter zur Kontrolle der Motorstromaufnahme,
1 Amperemeter zur Kontrolle des Erregerstromes des Generators und
1 elektrischer Drehzahlmesser zur Kontrolle der Windendrehzahl.

Beim Rücklauf wurde nur mit einem Motor gefahren, während der zweite bremste, so daß bei der geringen Belastung ein Loslassen der Kupplung infolge zu geringer Stromaufnahme vermieden wurde.

Forschungsberichte des Wirtschafts- und Verkehrsministeriums Nordrhein-Westfalen

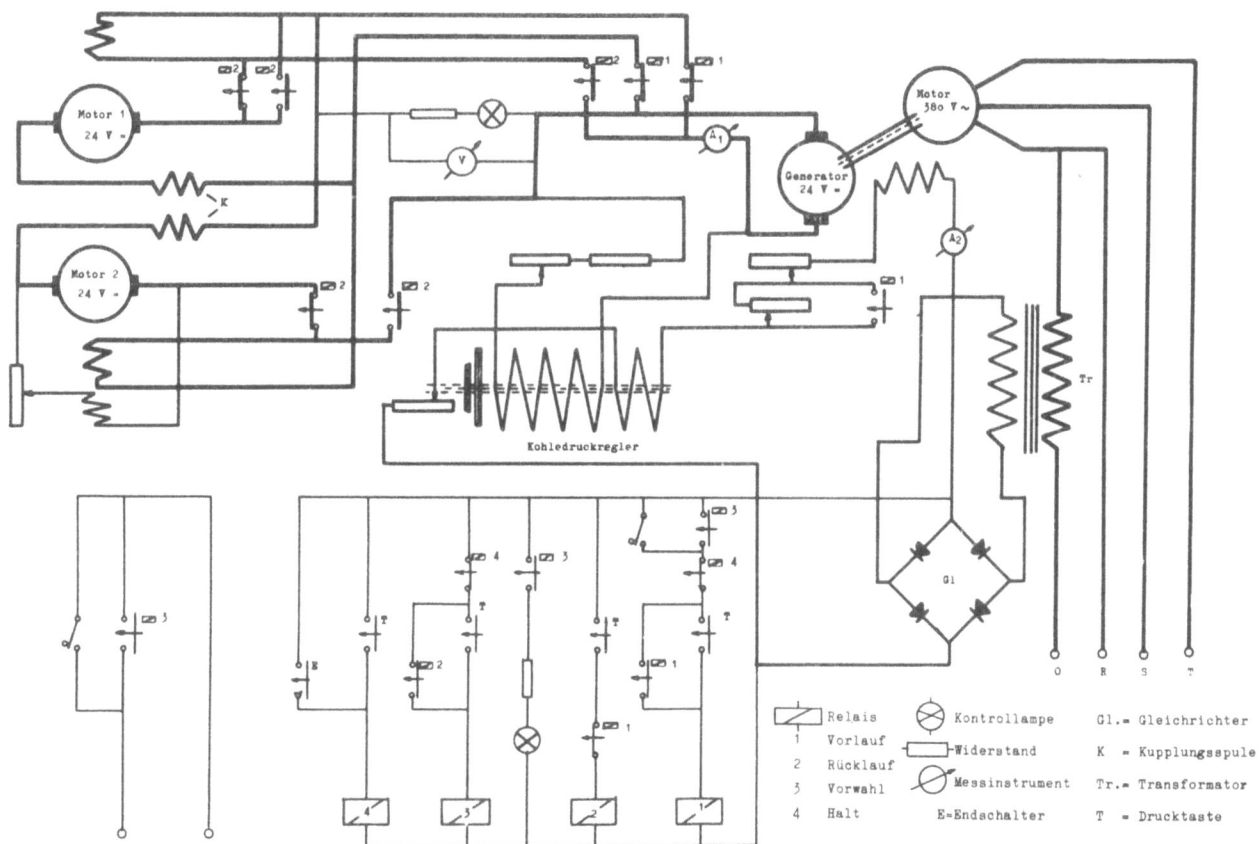

Abbildung 11
Antriebsschaltung

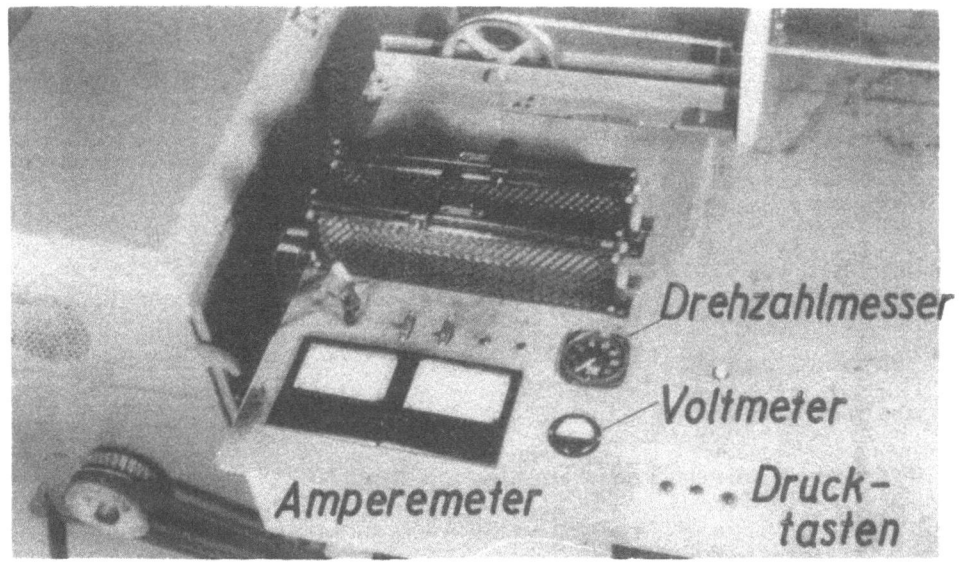

Abbildung 12
Die Schaltvorrichtung

Forschungsberichte des Wirtschafts- und Verkehrsministeriums Nordrhein-Westfalen

Abbildung 13
Hydr. Maihak-Zugkraftmesser

Als Meßvorrichtung war in das Antriebsseil ein hydraulischer Maihak-Zugkraftmesser eingeschaltet.

Die an den Ösen des ölgefüllten Drucktopfes angreifenden Seilkräfte erzeugten in dessen Zylinder einen Druck, der durch eine Kupferrohrleitung auf das Registriergerät übertragen und vom Indikator den Zugkräften proportional auf Wachspapier aufgeschrieben wurde. Die maximale Schreibhöhe von 50 mm konnte in den verschiedenen Meßbereichen bis zu 80, 250, 500, 800 und 1500 kg möglichst weitgehend ausgenutzt werden. Das Gerät arbeitete mit einer gewissen Dämpfung, die sich bei großen Kräften weniger bemerkbar machte, sich aber in kleinen Meßbereichen ungünstig auswirkte. Daher wurde für Stäbe mit 8 mm Durchmesser eine empfindlichere induktive Dehnungsmeßeinrichtung verwendet. In das Antriebsseil war hier ein in der Achse aufgeschlitzter Stahlzylinder, dessen als Meßstrecke benutzter Spalt je nach der Größe der Kraft verschieden stark erweitert wurde, eingeschoben.

Der Spalt war durch einen Askania-Geber überbrückt. Der Geber war mit einer induktiven, in unbelastetem Zustande abgeglichenen Brücke verbunden. Bei Belastung wurde mit der Veränderung der Meßstrecke in dem Geber ein Luftspalt und damit auch die Induktivität geändert. Hierdurch wurde die Brücke verstimmt, und es floß ein Strom im Brückenzweig, der einmal an einem Instrument ablesbar war, und zum anderen auf eine Schleife eines

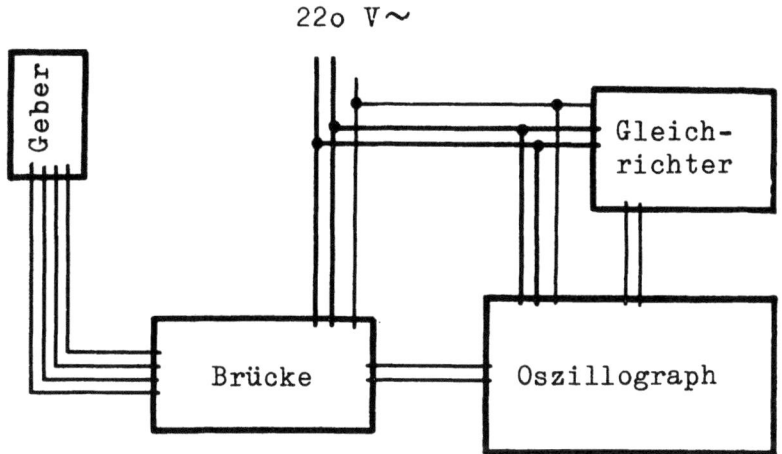

Abbildung 14a
Induktive Dehnungsmeßeinrichtung, Schaltskizze (Askania)

Abbildung 14b
Meßwagen, Geber

Oszillographen gegeben dort als proportional zur Kraft hervorgerufene Auslenkung in Diagrammen festgehalten wurde. Vergleichsweise wurde als dritte Meßvorrichtung noch statt des Askania-Gebers ein Dehnungsmeßstreifen benutzt. Die Messung erfolgte hier durch eine Brücke der Firma Brandau, die Registrierung wieder durch einen Schleifenoszillographen.

1.23 Die Versuchsdurchführung und der Umfang der Versuche

Für die verschiedenen, von den Hüttenwerken zur Verfügung gestellten Probestähle wurden mit der unter 1.22 beschriebenen Versuchseinrichtung

Forschungsberichte des Wirtschafts- und Verkehrsministeriums Nordrhein-Westfalen

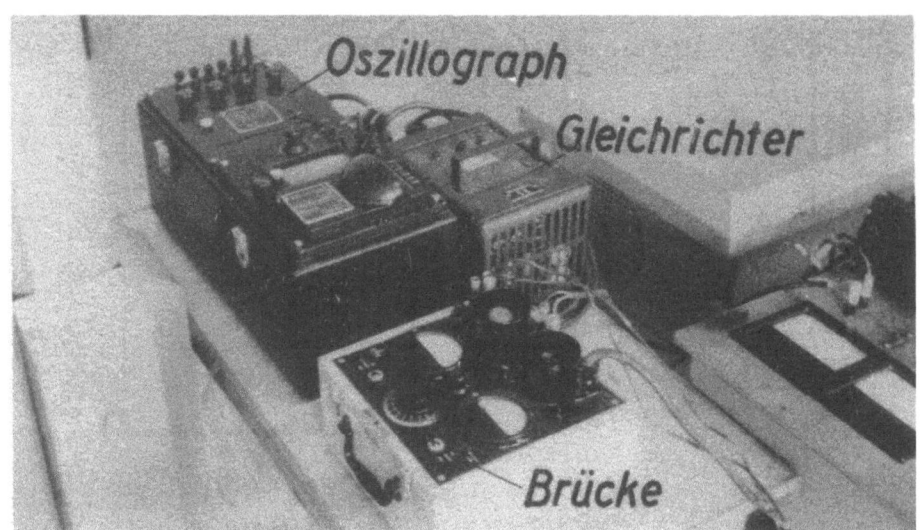

Abbildung 14 c
Anzeige- und Registriereinrichtung

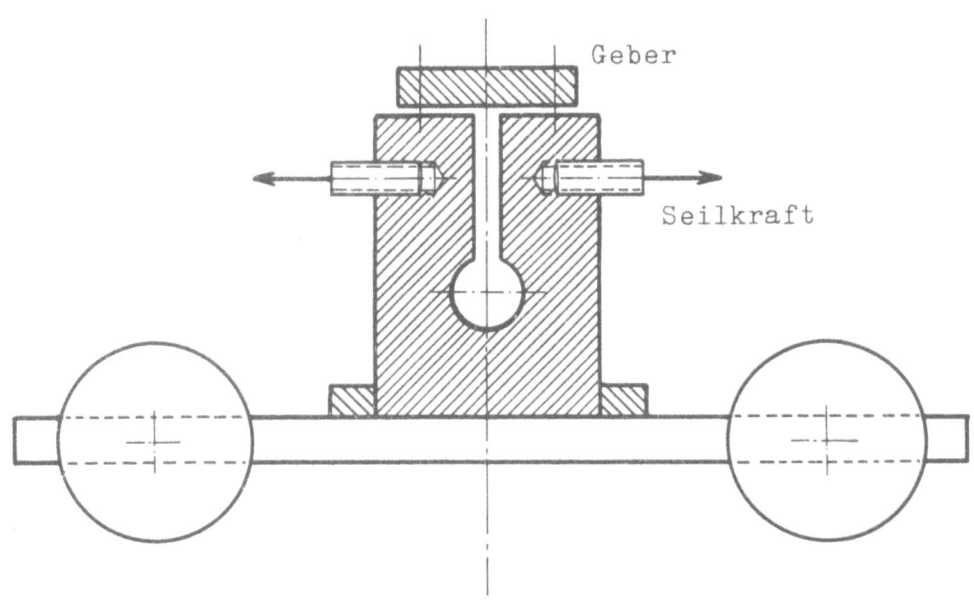

Abbildung 14 d
Längsschnitt des Meßwagens

die beim Biegen zum Antrieb des Biegetellers erforderlichen Kräfte ermittelt. Die technischen Daten der Stähle gehen aus der Zusammenstellung der Tabelle 1 hervor.

Durch eine Gruppe zunächst durchgeführter, den gesamten Variationsbereich überstreichender Vorversuche, die sämtliche Stahlsorten, Stabdurchmesser von d = 8 bis 24 mm, Biegedurchmesser von D = 40 bis 160 mm,

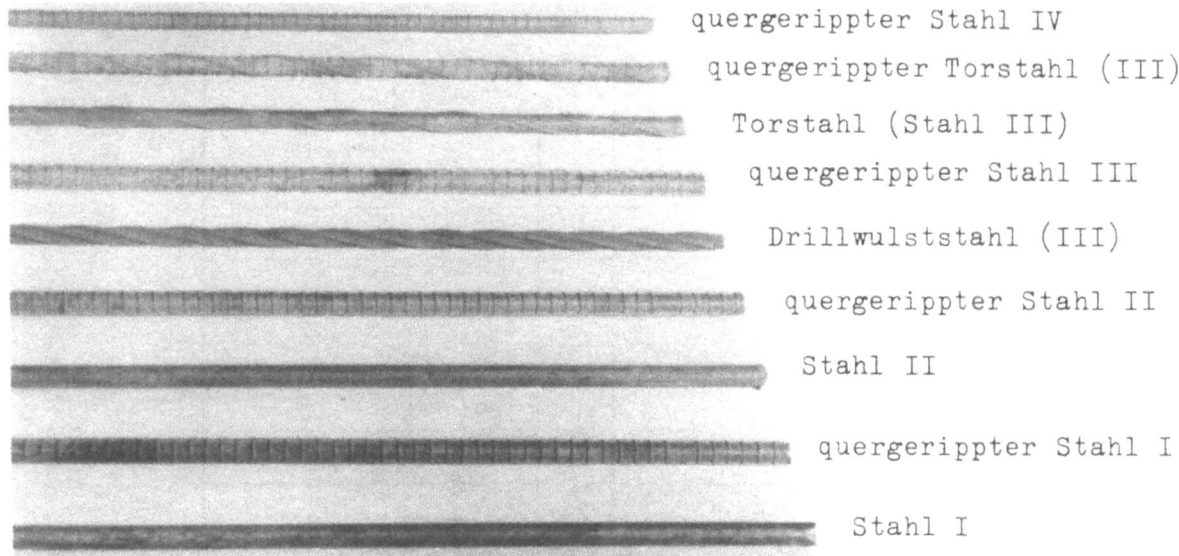

Abbildung 15
Die Probestähle d = 24 mm

Biegetellerdrehzahlen von w = 1,7 bis 5,0 U/min und darüber hinaus auch verschiedene Widerlagerabstände von a_1 = 70 bis 235 mm und Exzenterbolzenabstände von a_2 = 35 bis 200 mm umfaßten, sollte:

1. der zeitliche Kraftverlauf über den Biegevorgang,
2. die Größenordnung und die Größe der Streuungen der Kräfte bei gleichen Versuchen
3. die Größenordnung des Einflusses der verschiedenen Variablen auf die Kraft ermittelt werden und hiernach
4. das Versuchsprogramm für die Hauptversuche festgelegt werden.

Das Hauptversuchsprogramm erstreckte sich auf Kraftmessungen an allen verfügbaren Stäben verschiedener Lieferwerke, Stahlgüten und Festigkeiten jeweils beim Biegen um Rollen der Durchmesser D = 40, 80, 120 und 160 mm und Biegetellerdrehzahlen von w = 6,25; 3,12 und 2,08 U/min. Die Versuche wurden jeweils - der Menge des verfügbaren Stahles entsprechend - in 2 bis 4 Vergleichsversuchen gefahren. Jeder Versuch trägt eine fünfstellige Versuchsnummer von der die 1. Ziffer den Stabdurchmesser, die 2. das Hüttenwerk, die 3. die Stahlsorte, die 4. den Biegedurchmesser und die 5. die Biegegeschwindigkeit kennzeichnet.
Es bedeutet:

Tabelle 1

Übersicht der Versuchsstähle und deren Kenndaten

Hüttenwerk	Versuchs-bezeichnung	Stahlsorte	Stab-ϕ (mm)	Streck-grenze σ_s (kg/mm^2)	Festig-keit σ_B (kg/mm^2)	Dehnung δ_{10} (%)	Bemerkungen
Hüttenwerk Hagen-Haspe	311	Stahl I glatt	16	27,9	40,5	31,5	
	511		24	28,7	40,9	30,0	
	711		30	28,8	40,3	29,7	
	513	Stahl II glatt	24	35,6	55,3	24,0	naturharter Stahl II
	713		30	35,2	59,2	23,7	" " "
	117	Torstahl III	8	52,7	66,6	8,8	kalt gereckter Stahl III b
	317		16	47,7	59,3	10,6	" " " "
	517		24	45,0	56,5	11,2	" " " "
Hüttenwerk Ilsede, Peine	121	Stahl I glatt	8	38,2	44,9	31,6	
	321		16				
	521		24	28,1	41,9	32,1	
	721		30	27,5	43,7	26,3	
	123	Stahl II glatt	8				naturharter Stahl II
	323		16	34,3			" " "
	523		24	38,6	61,4	24,6	" " "
	723		30	34,3			" " "
	128	Torstahl III quergerippt	8	47,8	58,8	16,0	kalt gereckter Betonformstahl III
	328		16	46,9			" " " "
	528		24	45,5	56,1	14,2	" " " "
Niederrheinische Hütte	131	Stahl I glatt	8	33,3	43,9	32,8	
	731		30	25,6	37,8	32,3	
	232	Stahl I quergerippt	10	27,8	38,5	31,0	Betonformstähl I
	332		16	26,5	37,2	29,4	" "
	432		22	30,7	47,1	26,5	" "
	234	Stahl II quergerippt	10	36,7	55,3	25,3	naturharter Betonformstahl II
	334		16	39,1	62,4	31,3	" " "
	434		22	36,4	60,7	22,6	" " "
	236	St. III q.	10	44,2	72,4	17,5	naturharter Betonformstahl III

Tabelle 1
Übersicht der Versuchsstähle und deren Kenndaten
(Fortsetzung)

Hüttenwerk	Versuchs- bezeichnung	Stahlsorte	Stab-∅ (mm)	Streck- grenze σ_s (kg/mm²)	Festig- keit σ_B (kg/mm²)	Dehnung δ_{10} (%)	Bemerkungen
Niederrheinische Hütte	336	Stahl III querger.	16	42,1	72,5	16,7	naturharter Betonformstahl III
	436		22	42,2	70,9	16,7	" " "
	239	Stahl IV quergerippt	10	55,1	87,0	13,8	naturharter Betonformstahl IV
	339		16	48,8	80,0	15,5	" " "
	439		22	51,0	84,3	13,3	" " "
	330	Rundst. glatt	16	56,5	92,1	35,7	
	530		24,25	23,3	35,7	36,7	
Phoenix Hütte	141	Stahl I glatt	8	33,3	46,6	31,8	
	341		16	28,1	41,0	30,6	
	541		24	26,4	39,2	31,3	
	741		30	23,2	37,0	34,2	
Hüttenwerk Rheinhausen	256	Stahl I quergerippt	10	30,2	43,1	31,0	Betonformstahl I
	356		16	32,8	48,1	24,4	" "
	556		24	31,2	46,7	22,8	" "
	656		26	30,4	43,6	23,1	" "
	258	Torstahl III quergerippt	10	53,1	60,8	16,0	kalt gereckter Betonformstahl III
	358		16	47,4	57,8	15,0	" " " "
	558		24	44,2	52,4	15,8	" " " "
	658		26	43,9	52,3	12,3	" " " "
Westfalenhütte, Dortmund	171	Stahl I glatt	8	34,1	45,5	32,0	
	371		16	30,4	44,3	36,0	
	571		24	28,0	40,0	40,0	
	771		30	32,8	50,0	30,0	δ_5
	173	Stahl II glatt	8	40,8	56,4	26,0	naturharter Stahl III
	373		16	35,9	53,4	30,0	" " "
	573		24	34,3	54,6	29,0	" " "
	773		30	32,1	54,1	28,5	" " "

Forschungsberichte des Wirtschafts- und Verkehrsministeriums Nordrhein-Westfalen

Zu Ziffer 1:

1	Stabdurchmesser	$d =$	8 mm
2	"	$d =$	10 mm
3	"	$d =$	16 mm
4	"	$d =$	22 mm
5	"	$d =$	24 mm
6	"	$d =$	26 mm
7	"	$d =$	30 mm

Zu Ziffer 2:

1	Hüttenwerk Hagen-Haspe
2	Hüttenwerk Ilsede-Peine, Peine
3	Niederrheinische Hütte, Duisburg-Ruhrort
4	Phoenix Hütte, Duisburg-Ruhrort
5	Hüttenwerk Rheinhausen, Rheinhausen
7	Westfalenhütte, Dortmund

Zu Ziffer 3:

0	normaler Rundstahl
1	Betonstahl I, glatt
2	Betonstahl I, quergerippt
3	Betonstahl II, glatt
4	Betonstahl II, quergerippt
5	Drillwulststahl, Stahl III
6	Betonstahl III, quergerippt
7	Torstahl, Stahl III
8	Torstahl, quergerippt, Stahl III
9	Betonstahl IV, quergerippt

Zu Ziffer 4:

1	Biegedurchmesser	$D =$	40 mm
2	"	$D =$	80 mm
3	"	$D =$	120 mm
4	"	$D =$	160 mm

Zu Ziffer 5:

1	Biegetellerdrehzahl	$w =$	6,25 U/min
2	"	$w =$	3,12 U/min
3	"	$w =$	2,08 U/min

Der Biegeversuch z.B. eines Stabes von 16 mm Durchmesser der Niederrheinischen Hütte quergerippten Betonstahles II bei einem Biegedurchmesser D = 80 mm und einer Biegetellerdrehzahl von 2,08 U/min trägt also die Nummer 33 423.

Im Zuge der Hauptversuche wurden ca. 1500 Biegungen ausgeführt und hierbei die Abhängigkeiten der Kraft von den einzelnen Variablen durch Konstanthalten der übrigen innerhalb der verschiedenen Versuchsreihen herausgeschält.

Schließlich wurden einige Kontrollversuche mit der, gegenüber der hydraulischen Meßvorrichtung sehr empfindlichen Dehnungsmeßstreifen-Meßanlage zur Überprüfung des Kraftverlaufes über den Biegevorgang durchgeführt und hierbei noch einmal an einer größeren Versuchszahl für quergerippte Torstähle der Kraftverlauf in Abhängigkeit vom Biegedurchmesser festgestellt. Diese Abhängigkeit war bei den Hauptversuchen nicht klar zu erkennen, da vermutlich wegen des Einflusses der Längsrippe, die ja je nach Ansatz des Hakens mehr oder weniger in den Haken hineingezogen wird (vergleiche Abb. 26) und dadurch die Größe der Kraft beeinflußt, die Zahl der Versuche nicht ausreiche.

1.24 Die Auswertung und die Ergebnisse der Vorversuche

Der Kraftverlauf über den Biegevorgang

Da bei dem einmal angelaufenen Biegevorgang mit gleichbleibender Geschwindigkeit neue unverformte Stabelemente in die Biegung hineingezogen werden (vergl. unter 1.1), ergibt sich nach einer durch das erste ruckartige Straffen des Seiles hervorgerufenen Kraftspitze ein je nach den Versuchsbedingungen mehr oder weniger um einen konstanten Wert schwankender zeitlicher Kraftverlauf über den Biegevorgang. Mit dem Ausschalten der Zugvorrichtung, d.h. mit der Beendigung der Verformung fällt die Kraft schlagartig auf Null. Bei glatten Stählen sind die Kraftschwankungen weniger stark als bei Profilstählen (Abb. 17). Sie gehen nach der Zusammenstellung der Abbildung 18 bis zu 60 % des Mittelwertes, wenn man die Diagramme der induktiven Meßanlage oder bis zu 36 % wenn man die der hydraulischen Meßvorrichtung zugrundelegt. Sie sind umso größer, je größer die Biegetellerdrehzahl ist (Abb. 19 b), wofür das stärkere Schwingen des Zugseiles teilweise der Grund sein dürfte.

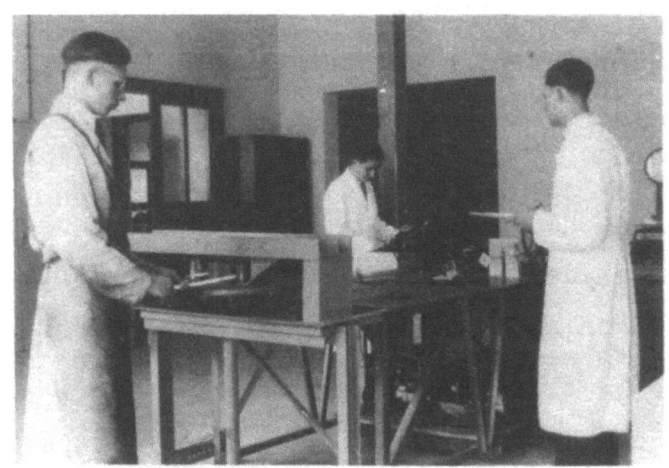

Abbildung 16
Die Versuchsdurchführung

Zu diesen versuchsbedingten Schwankungen kommen bei den Formstählen noch die durch das Anstoßen des aufgewalzten Profils an der Widerlagerrolle hervorgerufenen Lastspitzen hinzu. Sie sind wesentlich höher als die ersteren, und umso ausgeprägter und größer, je höhere Festigkeit der Stahl besitzt und je größer die Biegetellerdrehzahl oder der Biegedurchmesser ist (beides verursacht einen schnellen Vorschub des Stabes und somit eine rasche Aufeinanderfolge, der an der Widerlagerrolle anstoßenden Rippen). Die Diagramme quergerippter Stähle (Abb. 20) lassen deutlich die Zahl der Querrippen des gebogenen Teiles erkennen. Dies gilt allerdings nicht, wenn der Stab so gebogen wird, daß er mit der Längsrippe an der Widerlagerrolle vorbeigleitet. In diesen Fällen gleichen die Diagramme denen glatter Stäbe und die Kräfte sind wegen der im Bereiche der größten Verformungen liegenden Längsrippen größer. In der vorliegenden Arbeit wurden quergerippte Stähle immer so gebogen, daß die Längsrippen in der neutralen Ebene lagen. Bei Torstählen (Abb. 21) zeigt sich der Übergang der Rippe über die Widerlagerrolle ebenfalls in einer Krafterhöhung und bei quergerippten Torstählen (Abb. 22) ist der Bereich der Längsrippe deutlich von dem der Querrippe zu unterscheiden.

Aus der Gegenüberstellung jeweils der Abbildungen a und b ist die Trägheit der hydraulischen Meßvorrichtung im Gegensatz zur großen Empfindlichkeit der induktiven Meßanlage gut zu erkennen. Kraftschwankungen treten bei der ersteren mit Ausnahme der Anzugsspitze bei glatten Stäben gar nicht in Erscheinung, und bei Profilstählen sind nur die durch das Profil

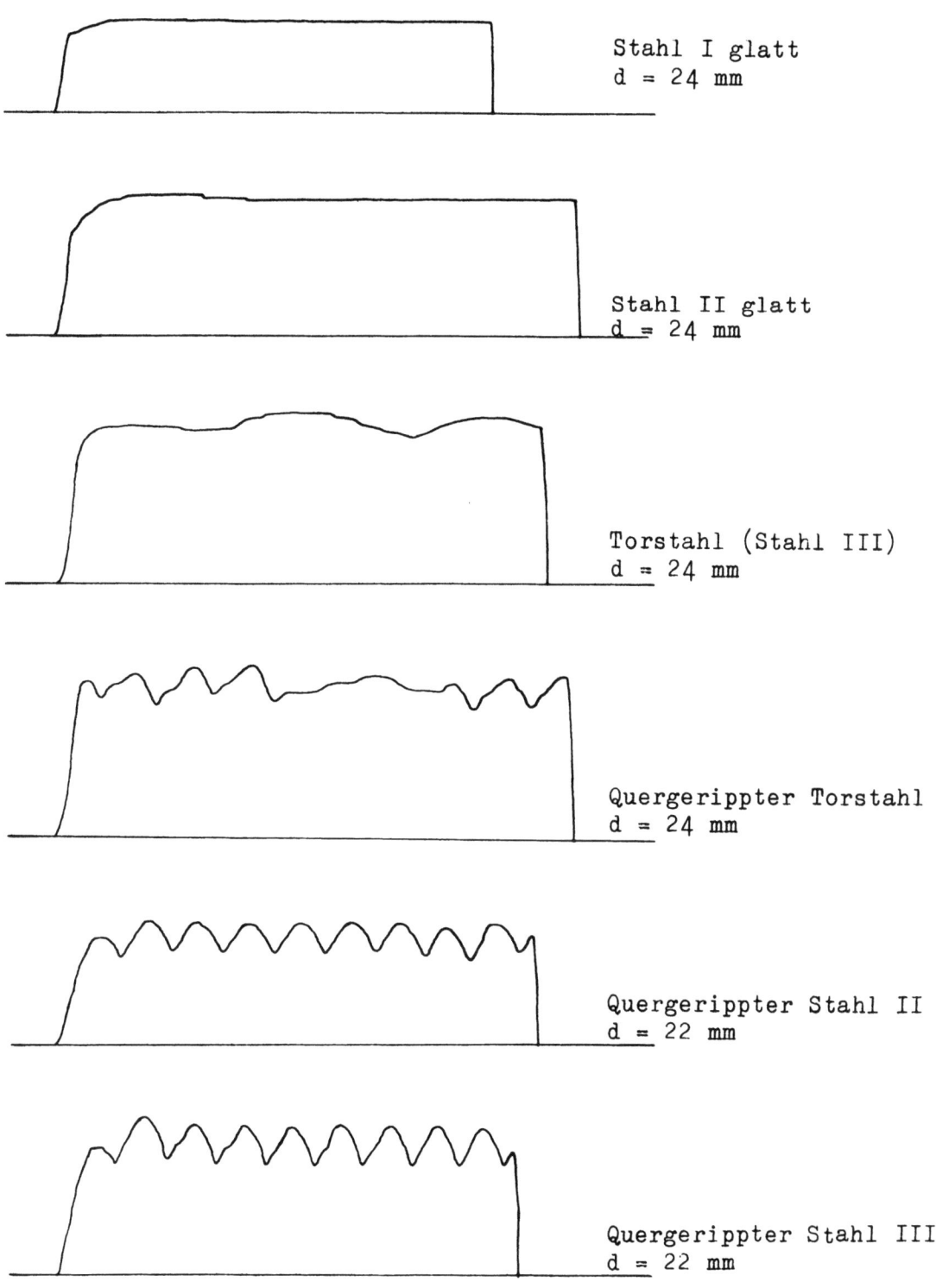

Abbildung 17a

Gegenüberstellung der Kraftdiagramme verschiedener Betonstähle
mit hydraulischer Meßvorrichtung aufgenommen

D = 80 mm   w = 2,08 U/min.

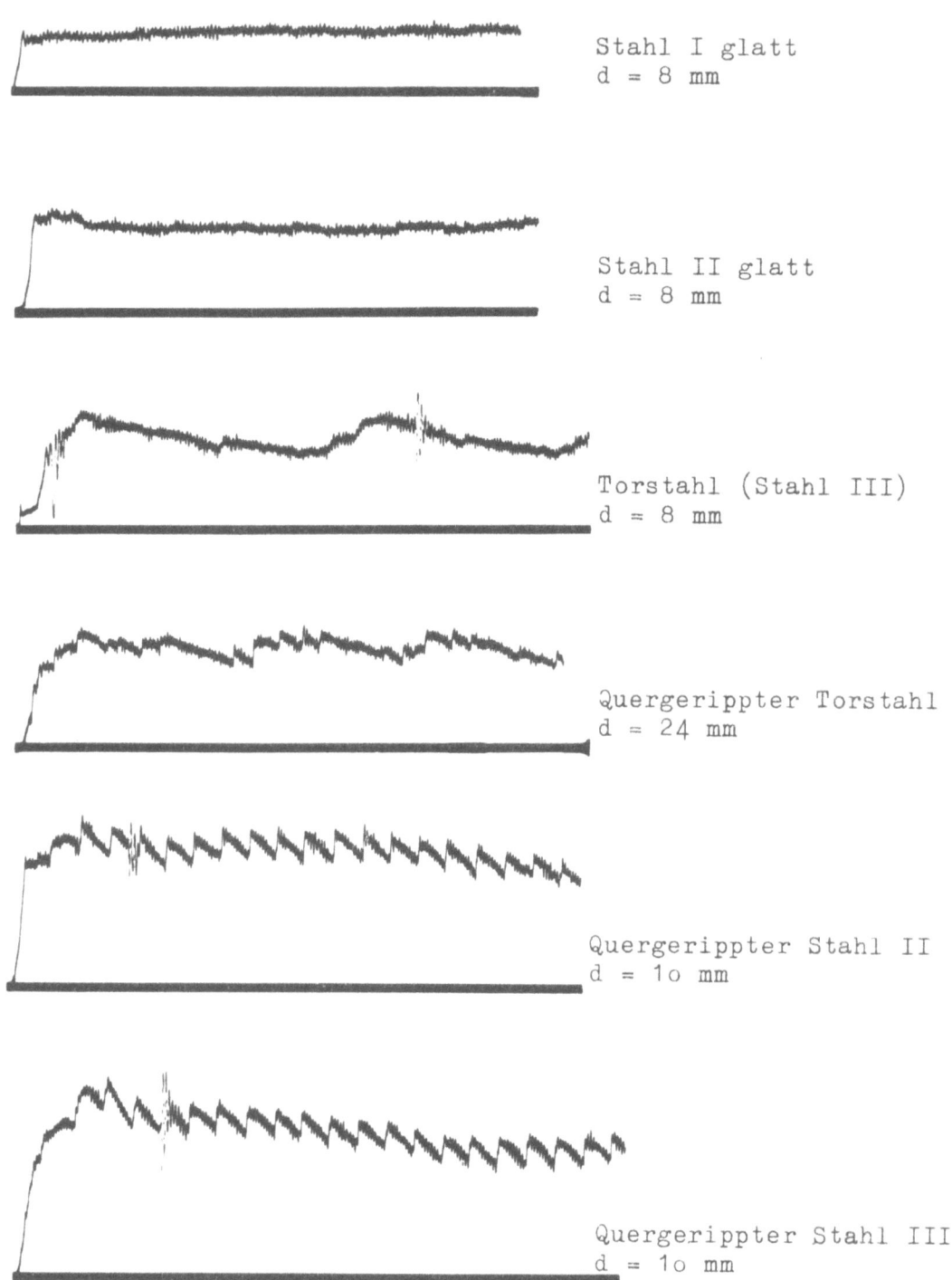

Abbildung 17 b
Gegenüberstellung der Kraftdiagramme verschiedener Betonstähle
mit induktiver Meßvorrichtung aufgenommen
D = 80 mm w = 2,08 U/min.

Forschungsberichte des Wirtschafts- und Verkehrsministeriums Nordrhein-Westfalen

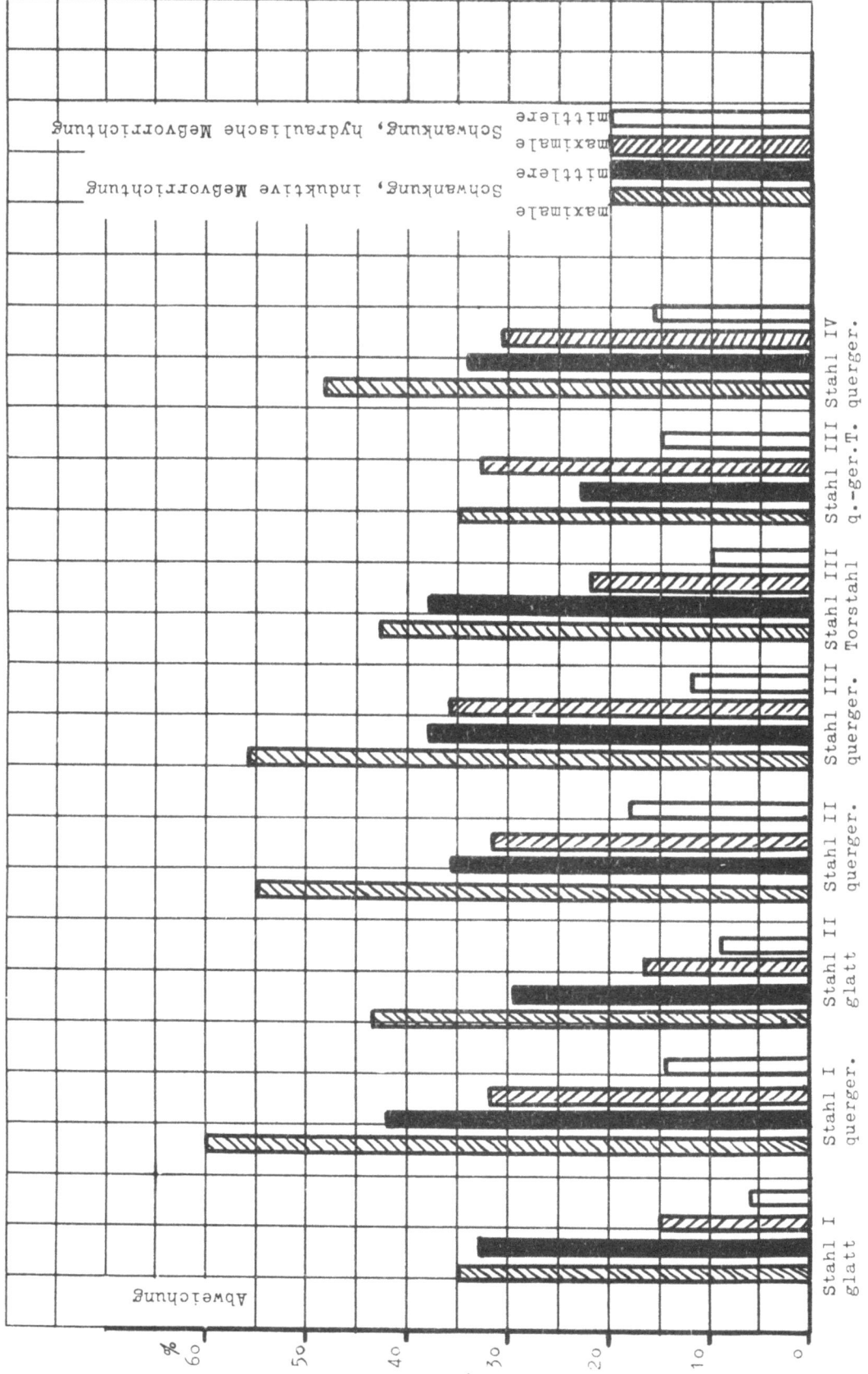

A b b i l d u n g 18

Die Kraftschwankungen um den Mittelwert

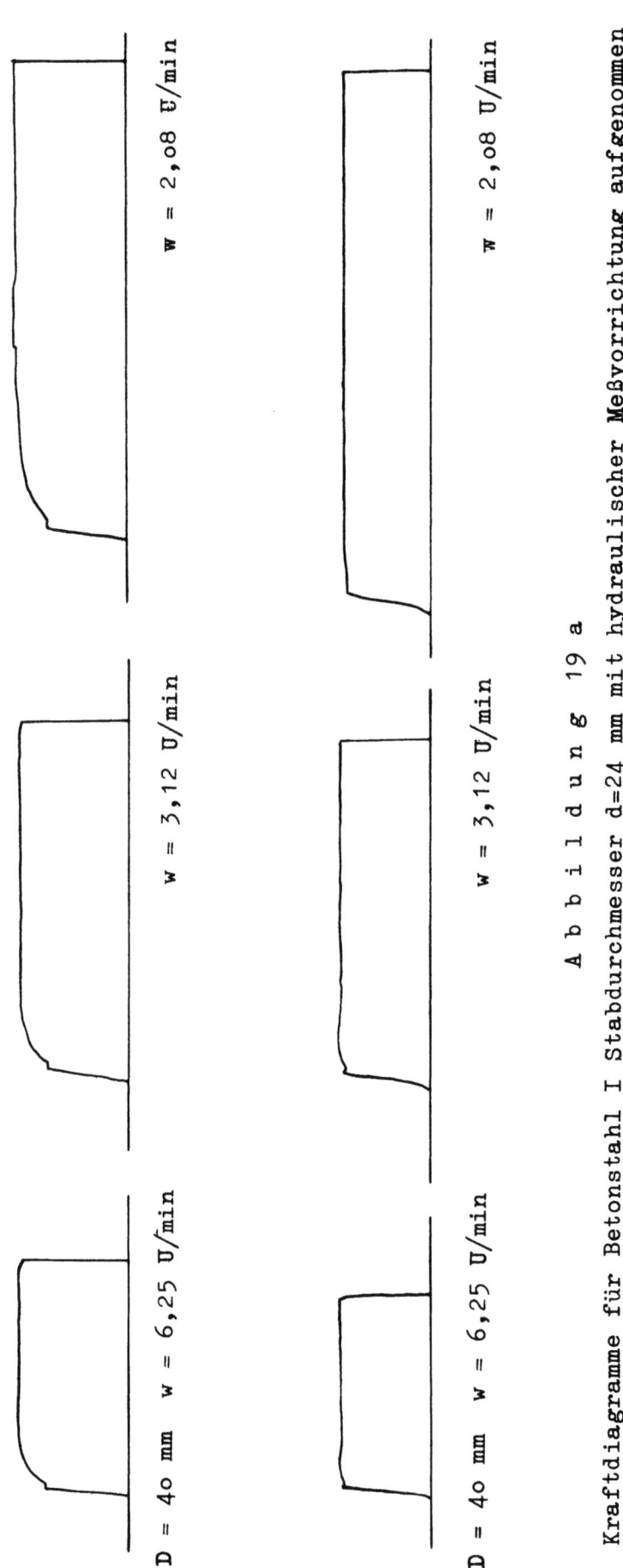

Abbildung 19 a

Kraftdiagramme für Betonstahl I Stabdurchmesser d=24 mm mit hydraulischer Meßvorrichtung aufgenommen Biegedurchmesser D = 40 bzw. 160 mm Biegetellerdrehzahl w = 6,25; 3,12 und 2,08 U/min.

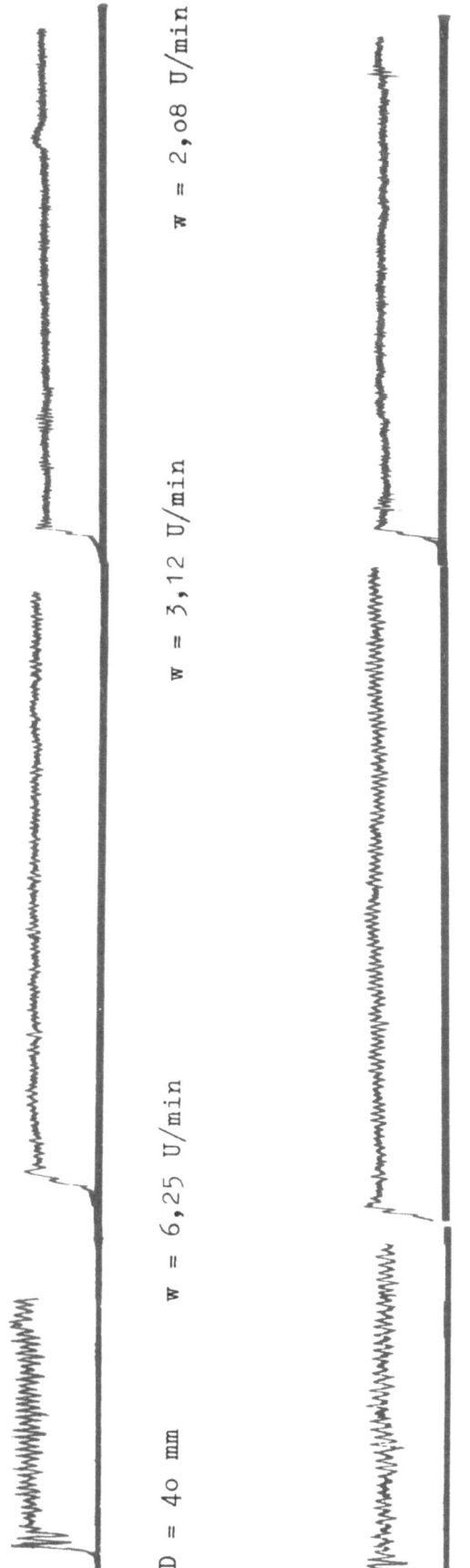

Abbildung 19 b

Kraftdiagramme für Betonstahl I Stabdurchmesser d = 8 mm mit induktiver Meßvorrichtung aufgenommen Biegedurchmesser D = 40 bzw. 160 mm Biegetellerdrehzahl w = 6,25; 3,12 und 2,08 U/min.

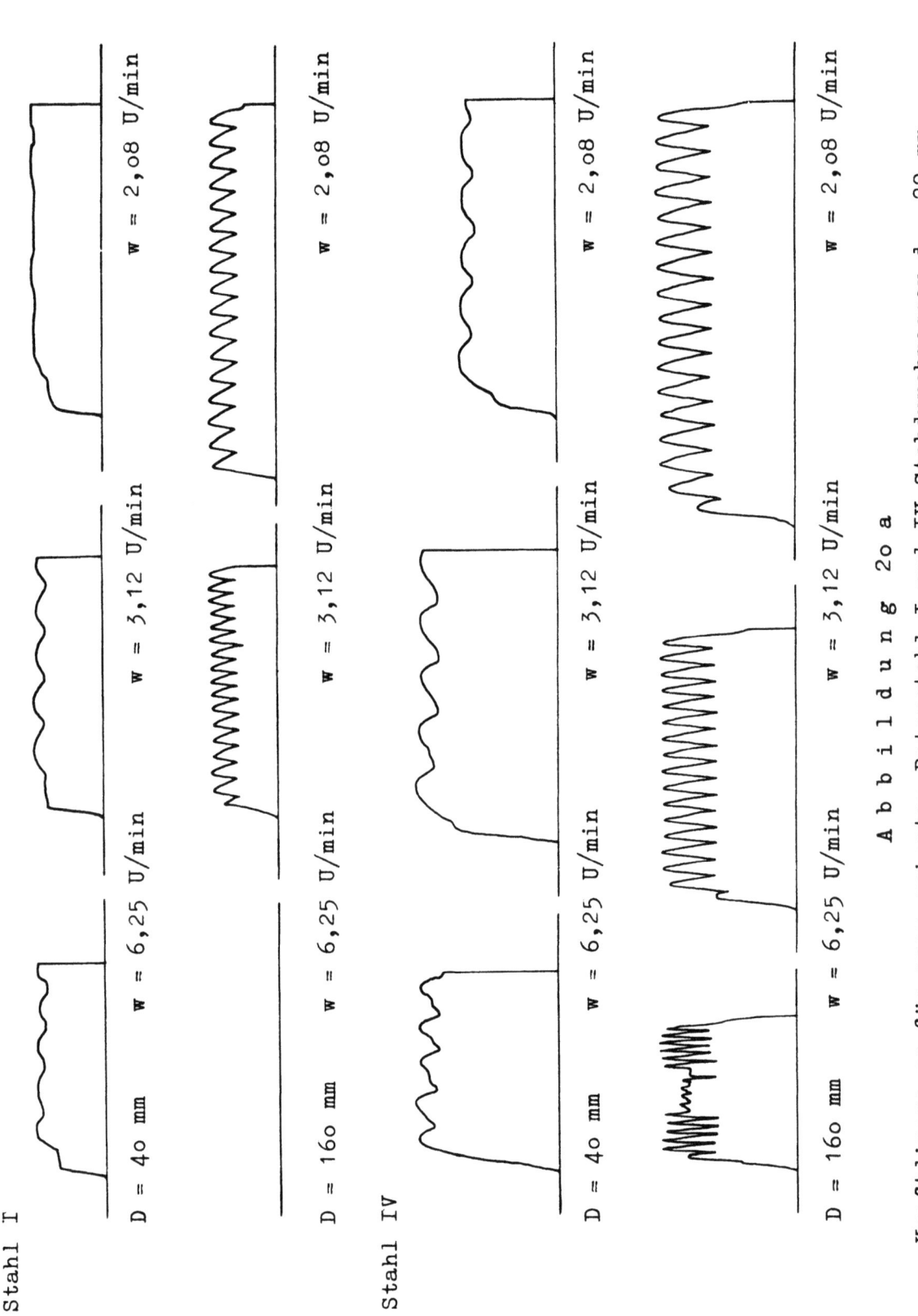

Abbildung 20 a

Kraftdiagramme für quergerippten Betonstahl I und IV Stabdurchmesser d = 22 mm mit hydraulischer Meßvorrichtung aufgenommen

Biegedurchmesser D = 40 bzw. 160 mm Biegetellerdrehzahl w = 6,25; 3,12 und 2,08 U/min

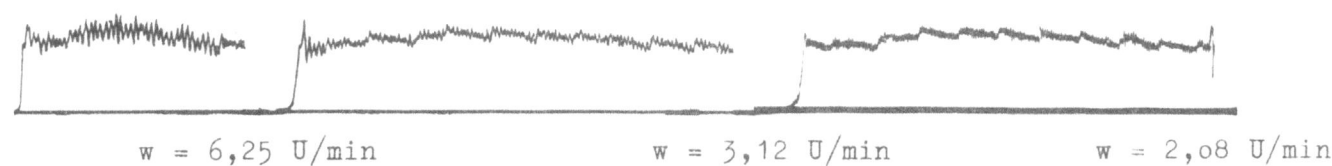

w = 6,25 U/min   w = 3,12 U/min   w = 2,08 U/min

Stahl I D = 4o mm

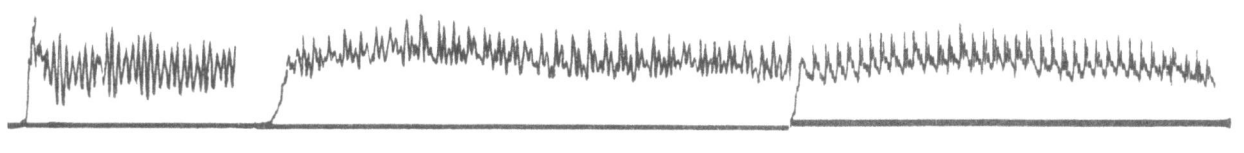

w = 6,25 U/min   w = 3,12 U/min   w = 2,08 U/min

Stahl I D = 16o mm

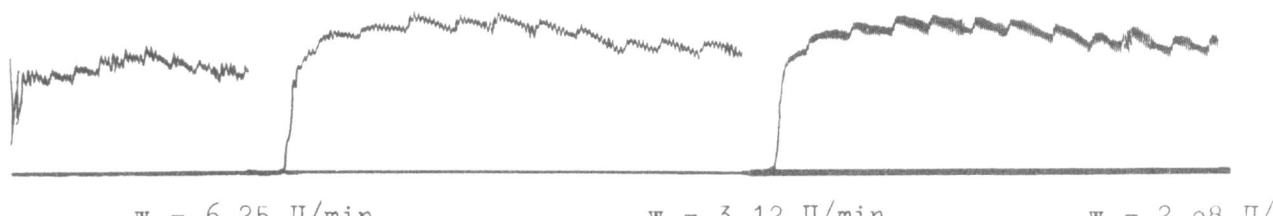

w = 6,25 U/min   w = 3,12 U/min   w = 2,08 U/min

Stahl IV D = 4o mm

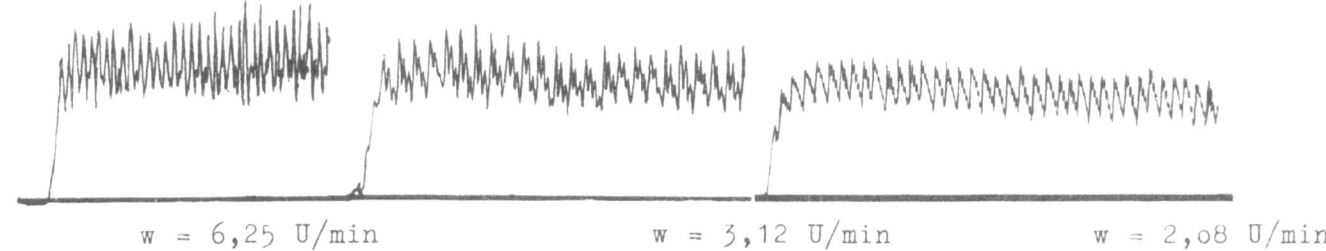

w = 6,25 U/min   w = 3,12 U/min   w = 2,08 U/min

Stahl IV D = 16o mm

A b b i l d u n g 2o b

Kraftdiagramme für quergerippten Betonstahl I und IV d = 1o mm

mit induktiver Meßvorrichtung aufgenommen

Biegedurchmesser D = 4o bzw. 16o mm

Biegetellerdrehzahl w = 6,25; 3,12 und 2,08 U/min

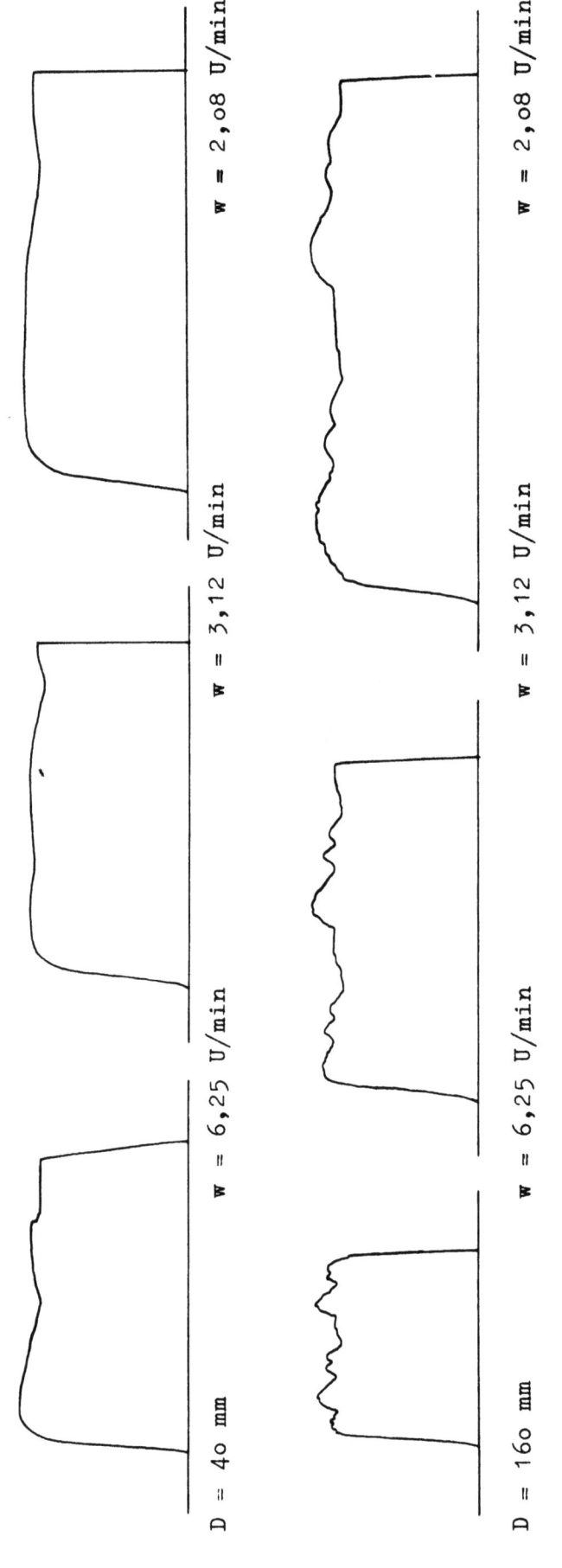

Abbildung 21 a

Kraftdiagramme für Torstahl Stabdurchmesser d = 24 mm mit hydraulischer Meßvorrichtung aufgenommen
Biegedurchmesser D = 40 bzw. 160 mm Biegetellerdrehzahl w = 6,25; 3,12 und 2,08 U/min.

Forschungsberichte des Wirtschafts- und Verkehrsministeriums Nordrhein-Westfalen

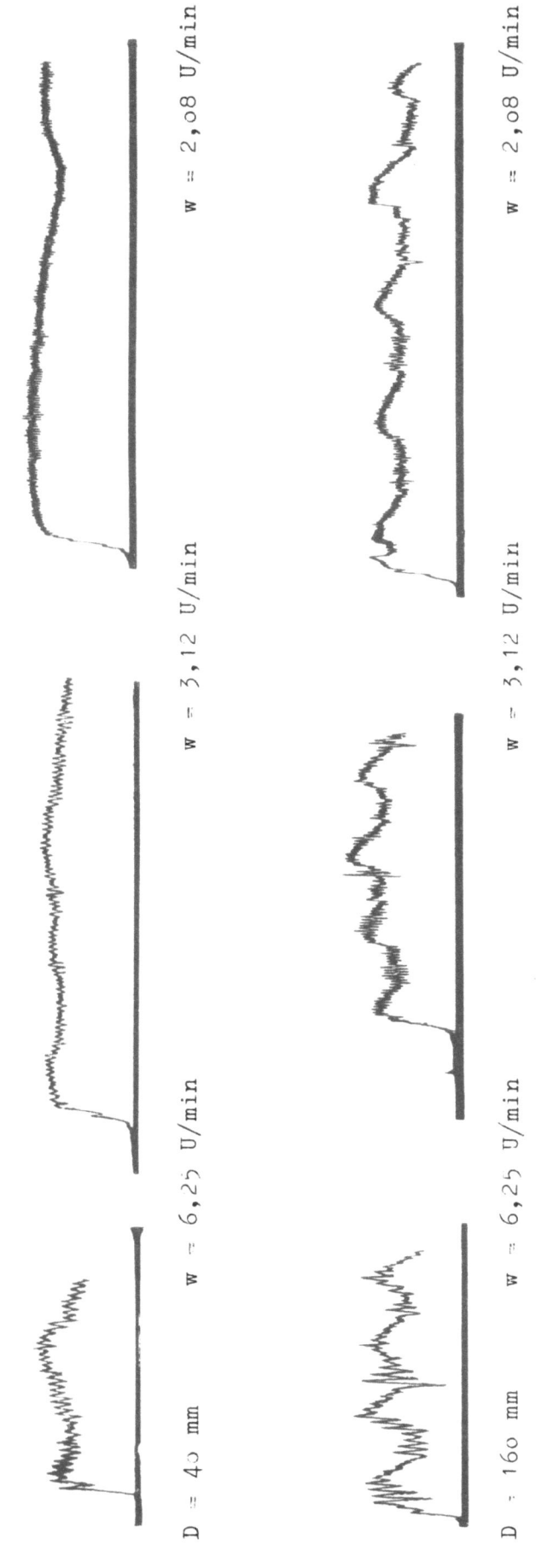

Abbildung 21 b

Kraftdiagramme für Torstahl Stabdurchmesser d = 8 mm mit induktiver Meßvorrichtung aufgenommen
Biegedurchmesser D = 40 bzw. 160 mm Biegetellerdrehzahl w = 6,25; 3,12 und 2,08 U/min.

Forschungsberichte des Wirtschafts- und Verkehrsministeriums Nordrhein Westfalen

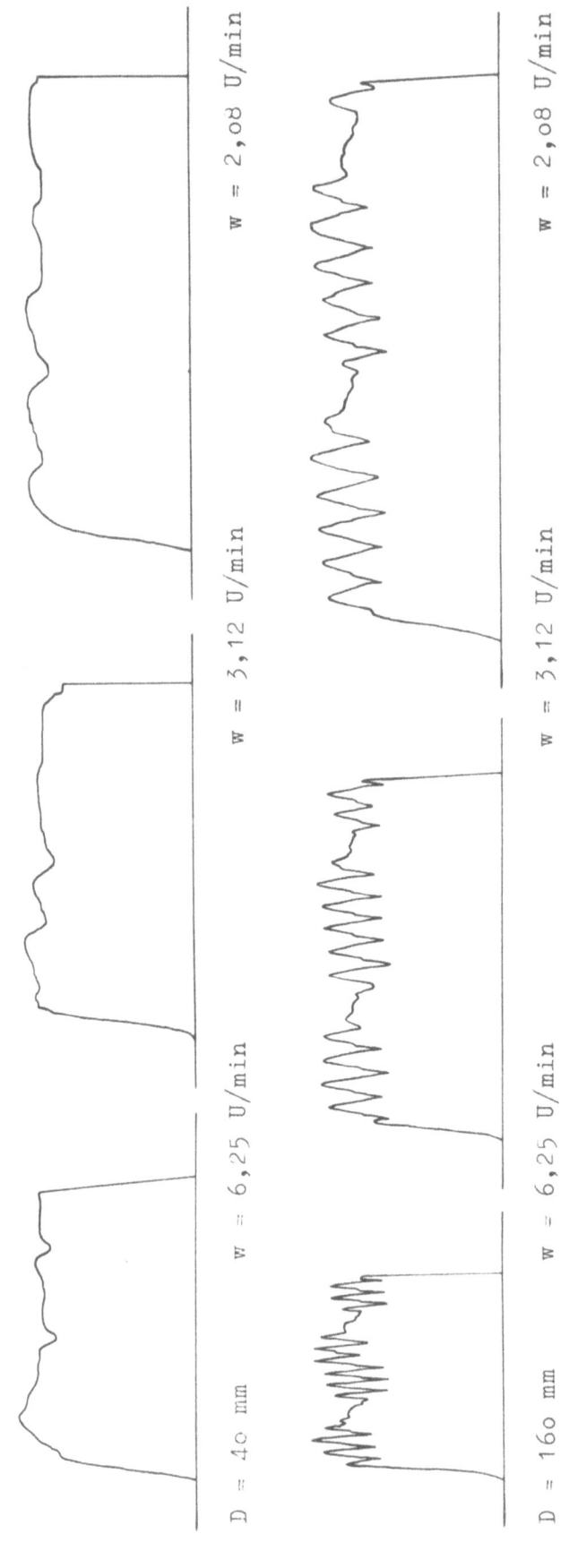

Abbildung 22 a

Kraftdiagramme für quergerippten Torstahl d = 24 mm mit hydraulischer Meßvorrichtung aufgenommen Biegedurchmesser D = 40 bzw. 160 mm Biegetellerdrehzahl w = 6,25; 3,12 und 2,08 U/min.

Forschungsberichte des Wirtschafts- und Verkehrsministeriums Nordrhein Westfalen

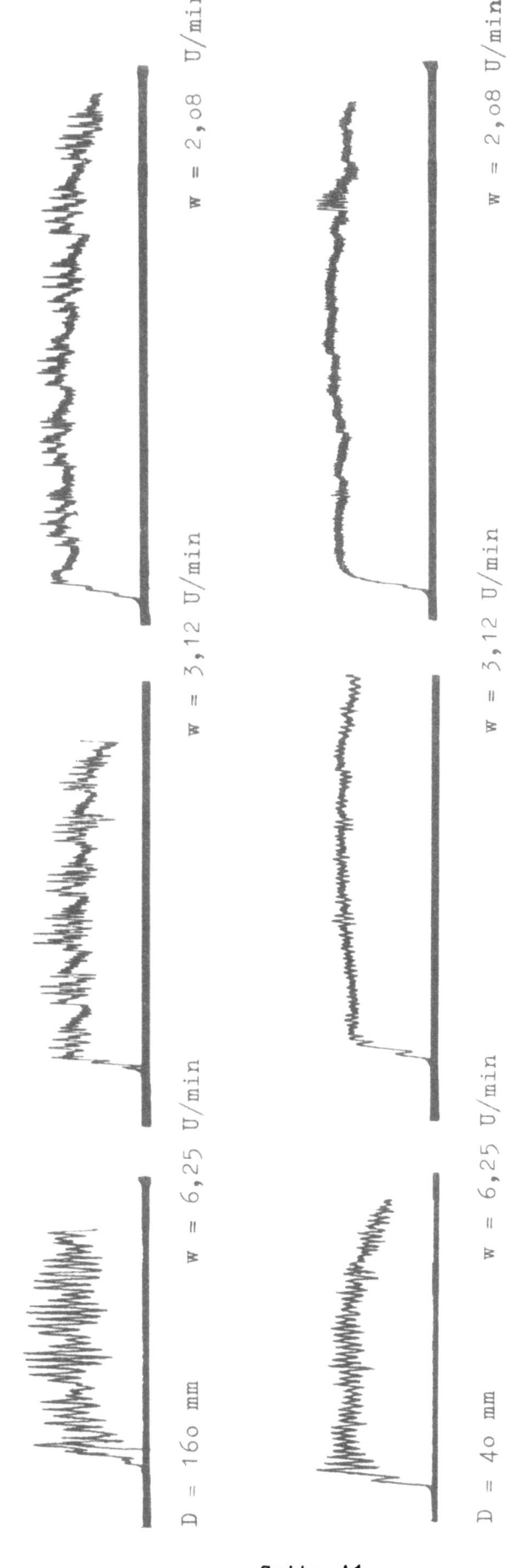

Abbildung 22 b

Kraftdiagramme für quergerippten Torstahl d = 8 mm mit induktiver Meßvorrichtung aufgenommen Biegedurchmesser D = 40 bzw. 160 mm Biegetellerdrehzahl w = 6,25; 3,12 und 2,08 U/min.

Forschungsberichte des Wirtschafts- und Verkehrsministeriums Nordrhein Westfalen

hervorgerufenen Spitzen sichtbar. Alle kurzzeitigen Lastspitzen werden vom Gerät nicht angezeigt (vergl. auch die Gegenüberstellung in Abb. 18).

Die Größe der Kräfte und Streuungen

Die Größenordnung der Kräfte war nur für die Wahl der Meßbereiche der Hauptversuche von Interesse, es erübrigt sich daher, hierauf einzugehen. Die Streuungen der Kräfte sind für je eine Gruppe von 4 und 8 gleichen Versuchen einer Reihe in der Tabelle 2 zusammengestellt. Danach betragen die Abweichungen vom Mittelwert einer Versuchsreihe:

für	P_{max}		P_{mittel}	
bei	4 Messungen	8 Messungen	4 Messungen	8 Messungen
im Mittel	4,4 %	5,5 %	5,0 %	5,8 %
maximal	5,9 %	8,7 %	8,2 %	10,0 %

Nach dieser Übersicht liegen die maximal zu erwartenden Fehler bei 10 % und die mittleren Fehler bei 5 - 6 %. Die tatsächlichen Differenzen dürften wegen der hierin bereits enthaltenen Ableseungenauigkeiten, die sich in der gleichen Größenordnung bewegen, erheblich geringer sein. Daß die Abweichungen bei P_{mittel} größer sind als bei P_{max}, liegt in der zusätzlichen Fehlerquelle des Planimetrierens begründet.*

Jedenfalls zeigt obige Zahlenzusammenstellung, daß aus vier gleichen Messungen mit hinreichender Genauigkeit ein brauchbarer Mittelwert gebildet werden kann. In den Hauptversuchen wurde daher auch die Versuchszahl auf 4 Messungen in einer Reihe beschränkt.

Die Größenordnung des Einflusses der verschiedenen Variablen

Ein Vergleich der mittleren Kräfte aller Vorversuchsreihen, deren Variablen bis auf eine übereinstimmen, zeigt folgenden Einfluß der verschiedenen Variablen auf die Größe der Kraft P_{mittel}:

---

* Die Mittelwerte wurden aus der planimetrierten Diagrammfläche durch Division durch die Diagrammlänge berechnet.

Forschungsberichte des Wirtschafts- und Verkehrsministeriums Nordrhein Westfalen

Die Änderung der Kraft P_{mittel} beträgt bei Konstanthalten aller übrigen Variablen

bei Veränderung des/der	im Bereich von	bis	bis zu
Stabdurchmessers	8 mm	24 mm	4 300 %
Stahlgruppe	I	III	127 %
Biegedurchmessers	40 mm	160 mm	19 %
Biegetellerdrehzahl	1,7 U/min	5,0 U/min	11 %
Widerlagerabstandes	70 mm	235 mm	21 %
Exzenterabstandes	35 mm	200 mm	16 %

des kleineren der verglichenen Werte von P_{mittel}.

Diese Werte wurden der Planung des Hauptversuchsprogrammes zugrundegelegt.

Die Festlegung des Hauptversuchsprogrammes

Der Umfang der durchgeführten Hauptversuche wurde bereits unter 1.23 angegeben. Darin wird zunächst auffallen, daß die Widerlager- und Exzenterabstände nicht berücksichtigt wurden, obwohl deren Einfluß größer ist als der der Biegegeschwindigkeit oder teilweise auch des Biegedurchmessers. Der Grund hierfür ist folgender:

Um gut geformte Haken zu erhalten, ist der Gegendruck möglichst dicht bei der Hakenwurzel aufzunehmen [3], d.h. der Widerlagerabstand ist klein zu halten.

Ein bei den Vorversuchen eingestellter Wert von a_1 = 235 mm kommt daher in der Praxis nie infrage, sondern der Wert wird sich immer an der unteren Grenze bei ca. 100 mm bewegen. Bei dünnen Stäben arbeitet man, da hier wegen des geringen Biegedurchmessers der Abstand bis zum festen Widerlagerbolzen leicht zu groß werden kann, mit verlängerten Widerlagern.

Ähnlich ist es mit dem Exzenterbolzenabstand. Je größer er gewählt wird, umso mehr weicht der gebogene Stab von der U-Form ab. Hier ist auch gar kein Anlaß zur Wahl eines großen Exzenterbolzenabstandes gegeben, denn bei den zahlreichen Tellerbohrungen und der Verstellbarkeit des spiralförmigen Exzenters kann immer ein Exzenterbolzenabstand von ca. 50 mm oder weniger eingestellt werden. Genau so, wie also die in den Vorversuchen gewählten größten Widerlager- und Exzenterabstände praktisch nicht gebraucht werden, treten auch die großen Kraftänderungen von 21 oder 16 %

Forschungsberichte des Wirtschafts- und Verkehrsministeriums Nordrhein Westfalen

Tabelle 2

Streuung der Kräfte bei gleichen Versuchen

lfd. Nr.	Stahl-Gruppe	Stab-⌀ mm	Biege-⌀ mm	Biegeteil.-Drehzahl U/min	Widerlag.-Abstand mm	Exzenter-Abstand mm	Kraftspitzen P_{max} Größe kg	Abweichung mittler. kg	Abweichung mittler. %	Abweichung maxim. kg	Abweichung maxim. %	mittl. Kraft P_{mittel} Größe kg	Abweichung mittler. kg	Abweichung mittler. %	Abweichung maxim. kg	Abweichung maxim. %	Vers.-Nr.	Zahl d. M.	Messvorr.
1	2	3	4	5	6	7	8	9	10	11	12	13	14	15	16	17	18	19	20
1	I	8	40	3,12	30	220	12,5	0,2	1,6	0,2	1,6	8,1	0,25	3,1	0,5	6,2	38	4	Askania
2					190	200	12,5	0,2	1,6	0,2	1,6	9,4	0,43	4,6	0,7	7,4	35	4	"
3		16	40	5,0	30	160	91	0,75	0,8	1,0	1,1	85	3,5	4,1	7,0	8,2	25	4	Maihak
4			160		50	90	89	0,75	0,8	2,0	2,2	80	2,0	5,0	4,0	5,0	22	4	"
5					90	130	79	1,0	1,2	1,0	1,2	72	1,5	2,1	4,0	5,5	24	4	"
6	II	8	40	3,12	30	200	15,5	0,38	2,5	0,6	3,9	10,5	0,42	4,0	0,7	6,7	33	4	Askania
7					45	125	16,8	0,25	1,5	0,3	1,8	13,7	0,17	1,2	0,2	1,5	53	4	"
8					20	70	17,3	0,58	3,4	0,8	4,6	13,1	0,37	2,8	0,5	3,8	41	4	"
9			160		40	175	15,1	0,45	3,0	0,9	5,9	10,8	0,37	3,4	0,7	6,5	39	4	"
10	Torst.	16	40	3,12	35	165	145	2,5	1,7	4,0	3,1	133	2,0	1,5	3,0	2,3	29	4	Maihak
11	Torst.	24	40	3,12	35	165	500	10,0	2,0	20,0	4,0	453	5,0	1,1	7,0	1,5	11	4	"
12	q.ger. I	24	40	3,12	40	150	285	12,5	4,4	15,0	5,3	255	10,0	3,9	18,0	7,0	13	4	"
13	q.ger. IV	24	40	3,12	40	160	552	3,8	0,7	7,0	1,3	494	2,0	0,4	2,0	0,4	16	4	"

Forschungsberichte des Wirtschafts- und Verkehrsministeriums Nordrhein Westfalen

Tabelle 2 (Fortsetzung)
Streuung der Kräfte bei gleichen Versuchen

lfd. Nr.	Stahl-Gruppe	Stab-⌀ mm	Biege-⌀ mm	Biegeteil.-Drehzahl U/min	Widerlags.-Abstand mm	Exzenter-Abstand mm	Kraftspitzen $P_{max.}$ Größe kg	Abweichung mittler. kg	%	Abweichung maxim. kg	%	mittl. Kraft P_{mittel} Größe kg	Abweichung mittler. kg	%	Abweichung maxim. kg	%	Vers.-Nr.	Zahl d. M.	Messvorr.
1	2	3	4	5	6	7	8	9	10	11	12	13	14	15	16	17	18	19	20
14	I	8	40	3,12	120	35	11,0	0,4	3,2	0,8	7,3	8,9	0,3	3,5	0,6	7,2	30	8	Askania
15			40	5,0	125	45	11,8	0,4	3,6	0,5	4,2	9,1	0,5	5,4	0,9	10,0	52	7	"
16		16	40	3,12	165	35	91	2,0	2,2	4,0	4,4	84	2,0	2,4	3,0	3,6	19	6	Maihak
17		24	40	3,12	160	40	315	1,1	0,4	5,0	1,6	296	4,4	1,5	11,0	3,7	1	8	"
18			160		165	140	310	1,1	0,4	5,0	1,6	289	4,6	1,6	10,0	3,5	2	8	"
19			160	3,12	135	50	261	1,6	0,6	4,0	1,5	251	2,6	1,0	5,0	2,0	3	8	"
20	II	8	40	3,12	120	35	16,8	0,2	1,2	0,3	1,8	12,3	0,3	2,5	0,8	6,5	32	8	Askania
21		16	40	3,12	165	35	119	2,1	1,8	4,0	3,3	109	3,4	3,1	5,0	4,6	26	8	Maihak
22			160	3,12	135	95	100	2,9	2,9	5,0	5,0	92	2,9	3,2	5,0	5,4	23	8	"
23		24	40	3,12	160	40	491	2,0	0,4	9,0	1,8	461	4,0	0,9	5,0	1,3	5	8	"
24			160	3,12	130	50	422	4,2	1,0	12,0	3,0	386	1,0	0,3	2,0	0,5	6	8	"
25	q.ger. Torst.	8	40	3,12	120	35	19,6	1,1	5,5	1,5	8,7	15,6	0,5	3,3	1,5	9,6	31	8	Askania
26				5,0	125	45	19,5	1,0	5,1	1,7	8,7	16,6	0,9	5,8	1,4	8,8	54	8	"

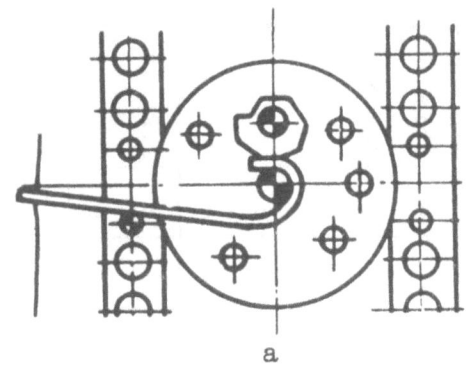 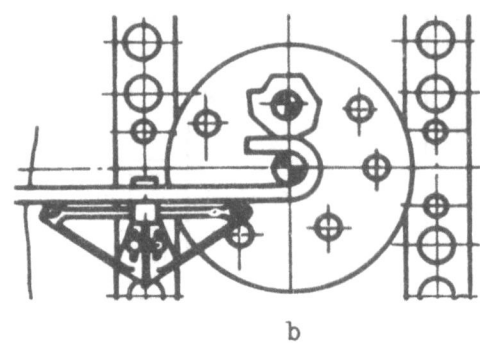

Abbildung 23

a) Zu großer Widerlagerabstand, Ausbiegen der Haken

b) Verlängertes Widerlager, Saubere Hakenform

(nach "Lehrschrift der Futura")

gar nicht auf. Daher wurde auf eine weitere Untersuchung dieser Einflüsse verzichtet.

Die übrigen Variablen - auch die Biegegeschwindigkeit mit einem Einfluß von nur 11 % - wurden für die Hauptversuche beibehalten. Hierzu gab vor allem der Hinweis seitens der Biegemaschinenfirmen über die Bedeutung der richtigen Biegegeschwindigkeitswahl Anlaß [3] u. [10]. Wenn diese auch wohl hauptsächlich wegen der Stahlbeanspruchung und der begrenzten Maschinenleistung gegeben werden, so sollte doch hier der Einfluß auf das Biegemoment geklärt werden.

1.25 Die Auswertung und die Ergebnisse der Hauptversuche

Aus den für die verschiedenen Biegungen aufgenommenen Kraftdiagrammen wurden jeweils die maximalen Kräfte abgegriffen und aus der planimetrierten Fläche durch Division durch die Diagrammlänge die mittlere Kraft errechnet. Der Rechengang ist aus der Anlage 1 für 6 Versuche ersichtlich. Sie enthält Angaben über die Abweichungen der Einzelmessungen vom Mittelwert und gibt somit gleichzeitig ein Bild über den Streubereich der Versuchsergebnisse.

Die Werte für P_{max} und P_{mittel} wurden in den Tabellen 3 a und b zusammengestellt. Durch Ausziehen entsprechender Zeilen oder Spalten lassen sich hieraus die Kraftabhängigkeiten von jeder beliebigen Variablen darstellen.

So zeigen jeweils die 3 untereinanderstehenden Zahlen einer Gruppe gleichen Biegedurchmessers den Einfluß der Biegegeschwindigkeit. Wie bereits durch die Vorversuche festgestellt wurde, ist dieser Einfluß mit Schwankungen von ca. 10 % nur minimal. Eine Betrachtung der Hauptversuchsreihe bestätigt diese Feststellung. Nach der Tabelle 4 kann nicht einmal auf die von der Geschwindigkeit verursachte Tendenz geschlossen werden, denn während bei P_{max} in der überwiegenden Mehrzahl der Versuchsreihen die Kraft mit abnehmender Biegetellerdrehzahl fällt, steigt sie bei P_{mittel} häufiger an. Bedenkt man, daß die größte Kraftspitze (P_{max} liegt immer am Anfang des Diagrammes) durch das plötzliche Straffen des Seiles hervorgerufen wird, und daher bei einer hohen Biegetellerdrehzahl viel ausgeprägter auftritt, so ist der häufige Abfall von P_{max} mit der Biegetellerdrehzahl verständlich. Theoretisch müßte die Kraft mit abnehmender Biegegeschwindigkeit fallen [11]. Der Abfall ist aber, wie die Versuchsergebnisse und auch frühere Kaltverformungsversuche zeigen [8], so gering, daß er hier ohne praktischen Wert ist und eine Darstellung bei der vorliegenden Versuchszahl und Meßgenauigkeit gar nicht möglich wäre. Anders ist es mit der Beanspruchung der Stäbe beim Biegen. Es sei hier nur auf die Beobachtungen bei den Versuchen hingewiesen, die beim Biegen von Stählen großer Festigkeit um verhältnismäßig kleine Biegerollen (für $d = 24$ mm, $D = 40$ mm, also $D < 2\,d$) gemacht wurden. Während sich bei der kleinsten Tellerdrehzahl von $w = 2{,}08$ U/min alle Stäbe einwandfrei verformen ließen, traten bei $w = 3{,}12$ U/min in quergerripptem Stahl IV Risse und Brüche auf. Diese wurden bei Tellerdrehzahlen von $w = 6{,}25$ U/min zahlreicher und entstanden auch schon bei quergerripptem Torstahl (Stahl III). Dagegen war für diese Stähle der Gruppe III und IV ein Biegen um stärkere Biegerollen auch bei höheren Biegetellerdrehzahlen möglich. Das häufige Auftreten von Sprödbrüchen auf Baustellen, besonders an Betonrippenstählen mit $d > 20$ mm [12], dürfte auch auf eine zu hohe, diesen Stählen nicht mehr zuträgliche Biegegeschwindigkeit zurückzuführen sein. Eine Klärung der Zusammenhänge von Stahlgüte - Biegedurchmesser und Biegegeschwindigkeit konnte im Rahmen dieser Arbeit nicht durchgeführt werden. Bei für verdrillte Stähle bereits früher durchgeführten Versuchen [13] konnte ein merklicher Einfluß der Biegegeschwindigkeit nicht festgestellt werden.

Schließlich hat die Biegetellerdrehzahl noch einen Einfluß auf die erforderliche Maschinenleistung, denn bei konstanter Biegekraft und Biegearbeit

Forschungsberichte des Wirtschafts- und Verkehrsministeriums Nordrhein Westfalen

Tabelle 3a

Zusammenstellung der Versuchsergebnisse

Die Kraftspitzen P_{max} (kg)

Stab-durchmesser d	Biegedurch-messer D	Biegeteller-Drehzahl	Hüttenwerk Stahl 1		Stahl 2			Stahl 3					Stahl 4		Stahl 5		Stahl 7	
			1	3	1	3	8	0/1	2	4	6	9	1	6	8	1	3	
d = 8 mm	40 mm	2,08 U/mi.	19,8		16,0	17,9	20,9	14,6	21,9	27,4	37,5	41,5	13,2	22,1	38,7	15,6	17,9
		3,12 "	19,8		13,3	17,0	18,9	10,8	19,0	27,4	38,8	45,5	12,3	24,2	37,2	14,2	15,6
		6,25 "	20,3		11,7	16,7	20,8	14,3	20,5	27,6	39,5	44,2	10,0	23,4	36,7	12,5	16,6
	80 mm	2,08 "	21,7		13,2	16,1	23,6	12,3	24,6	28,8	46,0	50,3	12,3	24,8	40,6	13,7	15,6
		3,12 "	22,6		11,3	15,6	22,7	12,3	25,6	31,2	39,3	46,6	12,3	23,0	38,3	14,2	16,1
		6,25 "	19,8		12,8	15,6	21,0	12,3	21,7	26,9	39,0	45,4	11,1	21,5	39,6	13,0	15,3
	120 mm	2,08 "	18,9		15,1	17,9	23,2	13,7	25,5	32,6	45,4	42,4	14,2	24,9	41,2	14,2	17,5
		3,12 "	18,9		12,8	16,1	21,3	12,7	23,6	27,9	43,1	43,0	13,2	23,6	40,6	12,8	16,1
		6,25 "	18,8		12,3	15,1	20,3	12,3	21,7	30,2	38,7	39,9	11,3	21,0	35,7	13,7	16,1
	160 mm	2,08 "	19,8		11,3	16,1	22,2	11,3	21,7	25,5	38,1		11,3	21,8	41,2	12,6	17,0
		3,12 "	21,7		11,3	13,2	21,7	11,3	24,5	29,3	42,3	49,6		21,7	39,9	14,2	13,2
		6,25 "	16,1		10,4		19,8	10,4	21,7	25,1	35,1	39,9	12,3	21,8	38,8	11,3	17,0
d = 16 mm	40 mm	2,08 "	161	92	94	118	137		83	140	170	205	90	112	162	92	130
		3,12 "	162	93	94	129	160	224	90	143	170	202	91	115	163	92	127
		6,25 "	161	95	95	123	145	214	92	140	168	197	90	118	150	95	127
	80 mm	2,08 "	160	85	85	110	135	205	76	125	155	185	80	108	165	86	115
		3,12 "	168	87	88	110	140	213		135	162	192	81	106	171	85	113
		6,25 "	162	93	90	115	141	204	85	131	162	194	82	111	171	85	115
	120 mm	2,08 "	163	83	80	110	154	186	80	119	145	174	80	101	162	80	105
		3,12 "	160	82	75	104		184	72	118	145	175	72	98	160	78	101
		6,25 "	160	85	73	92	157	184	75	120	145	171	72	98	158	74	101
	160 mm	2,08 "	164	90	83	106	147	185	81	123	143	177	78	100	169	80	102
		3,12 "	176	83	79	105	182	190	79	121	146	180	75	109	175	78	101
		6,25 "	177	90	80	95	148	188	80	121	148	179	72	100	177	78	99

Forschungsberichte des Wirtschafts- und Verkehrsministeriums Nordrhein Westfalen

Tabelle 3a (Fortsetzung)

Zusammenstellung der Versuchsergebnisse

Die Kraftspitzen P_{max} (kg)

Stab-durchmesser d	Biegedurchmesser D	Hüttenwerk Stahl Biegeteller-Drehzahl	1			2			3					4		5	7	
			1	3	7	1	3	8	0/1	2	4	6	9	1	6	8	1	3
d = 22 mm	40 mm	2,08	350	490	550	325	520	550	310	280	410	480	570	320	410	520	350	490
		3,12	345	480	515	325	510	545	295	270	410	470	600	320	400	490	340	475
		6,25	335	500	525	320	485	520	287	280	395		570	315	390	490	350	460
	80 mm	2,08	335	470	550	305	490	590	280	270	400	503	600	305	392	550	320	450
		3,12	325	445	532	300	475	575	275	267	383	493	594	304	375	560	315	445
		6,25	325	445	536	293	470	558	270	285	452	512	585	290	392	554	312	433
d = 24 mm	120 mm	2,08	322	427	554	295	455	612	270	292	405	500	580	295	387	602	305	427
		3,12	300	420	560	290	450	610	255	255	395	460	570	270	380	570	295	410
		6,25	295	425	545	284	450	600	250	261	400	460	575	284	370	580	288	420
	160 mm	2,08	293	400	537		417	598	253	279	375	445	555	262	375	585	279	384
		3,12	288	398	543	257	420	593	244	279	375	458	555	262	356	580	275	391
		6,25	281	392	535	261	418	592	242	270	355	450	557	255	349	567	274	375
d = 26 mm	80 mm	2,08		1009		710	980		610					630	484	730	730	863
		3,12	665	995		685	973		623					615	470	700	733	872
	120 mm	2,08	632	985		665	995		595					591	480	750	698	845
		3,12	665	940		680	985		605					595	502	740	715	863
d = 30 mm	144 mm	2,08	667	990		728	995		657					620	490	811	735	855
		3,12	658			700	975		610					611	490	812	723	822

Forschungsberichte des Wirtschafts- und Verkehrsministeriums Nordrhein Westfalen

Tabelle 3b

Zusammenstellung der Versuchsergebnisse

Die Mittelwerte P mittel (kg)

Stab-durchmesser d	Biegedurch-messer D	Biegeteller-drehzahl	Hüttenwerk Stahl	1 / 3	1 / 1	1 / 7	2 / 1	2 / 3	2 / 8	3 / 0/1	3 / 2	3 / 4	3 / 6	3 / 9	4 / 1	5 / 6	5 / 8	7 / 1	7 / 3
d = 8 mm	40 mm	2,08 U/mi.			13,7	10,6	12,5	14,5	10,0	16,1	20,5	29,4	33,2	9,0	15,7	30,0	10,8	12,9
		3,12 "			15,5	10,7	14,1	15,9	9,6	15,7	24,8	37,1	38,1	9,6	17,8	30,1	12,3	12,8
		6,25 "			15,3	9,4	13,2	16,7	10,6	16,0	21,9	32,6	37,6	8,4	18,8	30,4	9,5	13,0
	80 mm	2,08 "			16,6	9,8	12,6	17,7	9,3	17,6	20,7	29,3	36,5	9,5	18,0	31,9	10,4	12,3
		3,12 "			14,8	10,6	13,2	16,4	9,8	17,8	31,2	29,3	46,6	9,5	18,4	31,2	9,7	13,5
		6,25 "			13,7	10,9	12,5	16,1	10,3	17,3	21,4	29,4	33,7	9,4	16,8	31,5	11,3	13,5
	120 mm	2,08 "			13,0	12,4	13,4	15,3	10,2	16,8	19,3	28,8	29,0	10,1	17,0	29,5	13,4	12,8
		3,12 "			14,7	10,1	12,6	15,1	10,4	15,3	21,2	28,9	28,3	10,1	16,6	29,6	11,2	12,6
		6,25 "			14,9	11,9	12,4	14,8	10,4	15,2	21,3	26,6	29,1	9,5	15,6	26,5	10,7	13,8
	160 mm	2,08 "			13,2	8,0	12,1	13,1	8,7	12,0	17,1	22,6	36,8	8,7	11,6	23,8	9,9	11,3
		3,12 "			14,7	9,4		12,6	9,1	22,0	18,6	27,3	31,1		18,9	27,3	10,7	9,5
		6,25 "			12,4	7,9	11,0	13,4	8,6	21,7	15,7	24,3	29,7	9,1	14,8	27,7	9,2	12,2
d = 16 mm	40 mm	2,08 "	88		153	89	111	126		74	132	158	197	84	104	143	84	118
		3,12 "	89		144	88	122	147	210	82	135	158	185	86	108	145	89	118
		6,25 "	94		149	93	117	145	214	88	129	157	197	86	114	150	92	123
	80 mm	2,08 "	84		137	77	105	125	203	72	115	143	173	73	99	139	79	106
		3,12 "	83		150	83	104	127	197		121	147	179	79	98	148	83	108
		6,25 "	91		148	89	111	132	199	83	120	148	183	80	104	150	84	111
	120 mm	2,08 "	80		138	79	107	138	186	81	114	131	159	77	94	140	77	99
		3,12 "	81		137	80	100		185	68	110	133	160	74	92	140	76	99
		6,25 "	85		136	75	91	139	181	73	109	136	160	72	91	139	74	96
	160 mm	2,08 "	88		142	79	101	120	179	79	115	130	160	73	92	141	75	100
		3,12 "	80		148	79	101	152	185	74	113	134	162	74	99	151	77	100
		6,25 "	90		154	78	94	124	181	73	109	136	161	73	94		78	99

Forschungsberichte des Wirtschafts- und Verkehrsministeriums Nordrhein Westfalen

Tabelle 3b (Fortsetzung)

Zusammenstellung der Versuchsergebnisse

Die Mittelwerte P_{mittel} (kg)

Stab-durchmesser d	Biegedurch-messer D	Hüttenwerk Stahl	Biegeteller-drehzahl	1		1		2			3				4	5		7	
				1	3	7	1	3	8	0/1	2	4	6	9	1	6	8	1	3
d = 22 mm	40 mm		2,08	313	423	480	271	435	449	270	237	300	450	473	265	348	422	310	421
			3,12	316	437	487	305	468	460	273	250	351	396	515	301	350	443	325	436
			6,25	319	474	489	303	470	482		272	347	353	507	303	362	451	330	439
d = 24 mm	80 mm		2,08	256	420	496	230	430	478	269	225	337	414	488	260	329	444	285	365
			3,12	305	399	460	282	431	443	266	225	315	400	467	274	329	450	301	394
			6,25	299	422	480	276	432	459	266	239	322	402	478	268	314	449	281	392
	120 mm		2,08	291	380	463	263	400	462	249	204	314	365	469	260	286	440	291	395
			3,12	246	326	459	226	412	470	233		288	349	439	225	303	449	258	
			6,25	281	379	444	265	372	462		212	304	326	424	259	272	430	279	381
	160 mm		2,08	262	339	444		350	436	236			357	421	234	271	444	247	346
			3,12	263	375	442	245	389	452	241	205	276	339	419	250	237	433	257	365
			6,25	275	376	470	246	400	462	232	208	291	342	438	251	294	448	259	358
d = 26 mm	80 mm		2,08																
			3,12	616	885		660	883		541					570	409	608	683	761
			6,25		923		571	845		586					550	404	588	660	789
d = 30 mm	120 mm		2,08	588	897		600	883		557					524	394	602	635	768
			3,12	597	890		633	893		559					546	400	610	667	774
			6,25																
	144 mm		2,08	601	903		669	897		612					579	394	619	687	782
			3,12	610	898		662	888		566					588	415	622	674	751

Forschungsberichte des Wirtschafts- und Verkehrsministeriums Nordrhein Westfalen

Tabelle 4

Einfluß der Biegegeschwindigkeit auf die Größe der Kraft

Stabdurchmesser d (mm)	Biegedurchmesser D (mm)	Zahl Versuchsreihen	$P_{max.}$ mit abnehmender Biegegeschwindigkeit					P_{mittel} mit abnehmender Biegegeschwindigkeit				
			stetig		unterbrochen		konstant	stetig		unterbrochen		konstant
			steigt	fällt	steigt	fällt	ist	steigt	fällt	steigt	fällt	ist
1	2	3	4	5	6	7	8	9	10	11	12	13
8 und 10	40	14	3	5	2	4	-	3	1	6	4	-
8 und 10	80	14	-	7	-	6	1	2	3	4	5	-
8 und 10	120	14	-	11	-	3	-	3	6	2	3	-
8 und 10	160	14	1	6	-	4	3	2	2	5	5	-
16	40	15	5	3	2	2	3	8	1	4	2	-
16	80	15	9	1	3	1	1	9	-	5	1	-
16	120	15	1	9	2	2	1	4	8	-	2	1
16	160	15	3	5	3	2	2	4	4	7	-	-
22 und 24	40	16	-	11	1	1	3	12	1	3	-	-
22 und 24	80	16	-	10	4	1	1	2	2	6	6	-
22 und 24	120	16	-	8	-	8	-	-	5	1	9	1
22 und 24	160	16	2	9	2	3	-	10	1	4	1	-
26 und 30	80	9	3	6	-	-	-	4	5	-	-	-
26 und 30	120	10	7	3	-	-	-	9	1	-	-	-
26 und 30	144	10	1	8	-	-	1	4	6	-	-	-
Summe:		209	35	102	19	37	16	76	46	47	38	2

Seite 52

ist die Leistung der Biegegeschwindigkeit direkt proportional. Hierauf wird später in Abschnitt 1.35 noch näher eingegangen.

Für die weiteren Betrachtungen wurden nun zunächst die Ergebnisse aller Versuche, deren Bedingungen sich nur durch verschiedene Biegegeschwindigkeiten unterschieden, zusammengezogen (Tab. 5 a). Aus den gemessenen Kräften wurden die dadurch erzeugten Biegemomente errechnet (Tab. 5 b), denn die Kräfte sind von dem frei gewählten Tellerdurchmesser abhängig, wogegen die Momente die den Versuchsbedingungen entsprechenden Verformungsgrößen darstellen. Die Momente ergaben sich durch Multiplikation der Kräfte mit dem Tellerradius von $\frac{0,635}{2} = 0,3175$ (m), also
$$M = P \times 0,3175 \text{ (kgm)}.$$

Der Einfluß des Biegedurchmessers verursachte bei den Vorversuchen Kraftschwankungen bis zu 20 %. Die in den Hauptversuchen beobachtete Kraft- bzw. Momentenabhängigkeit ist in Abbildungen 24 und 25 für den Stabdurchmesser $d = 16$ mm dargestellt. Da die mit wechselndem Biegedurchmesser geänderte Stabkrümmung und Hakenlänge auf die Größe des Biegemomentes in entgegengesetzter Richtung wirken, ist der Einfluß des Biegedurchmessers verhältnismäßig gering (vergl. Seite 55).

Im Gegensatz zu den hier nur für $d = 16$ mm dargestellten mit zunehmendem D fallenden Kräften, zeigt sich bei $d = 8$ und 10 mm zunächst ein Anstieg, dann mit größer werdendem D ein Abfall der Kräfte bzw. der Momente. Stärkere Stäbe zeigen nur fallende Tendenz. Für normale und quergerippte Torstähle verlaufen die Kurven unregelmäßig. Bei einer größeren Versuchszahl ist aber auch hierbei ein stetiger Verlauf zu erwarten, denn je nach der Lage des gebogenen Profilteils verursacht die schraubenlinienförmig um den Stab herumlaufende Längsrippe mehr oder weniger oft Kraftspitzen, so daß bei nur 2 oder 4 Messungen keine Gewähr für einen einwandfreien Mittelwert gegeben ist.

In den Abbildungen 24 und 25 liegen die Kurven gleicher Stahlgüte, soweit die Festigkeiten bzw. Streckgrenzen der Stähle im gleichen Bereich liegen, dicht beieinander. Es dürfte also zwischen Moment und Festigkeit bzw. Streckgrenze ein Zusammenhang bestehen. Daher wurden in der Abbildung 27 für den Stabdurchmesser $d = 16$ mm die Momente über der Streckgrenze aufgetragen und für jeden Biegedurchmesser eine Kurve $M_{mittel} = f(\text{Streckgrenze})$ konstruiert.

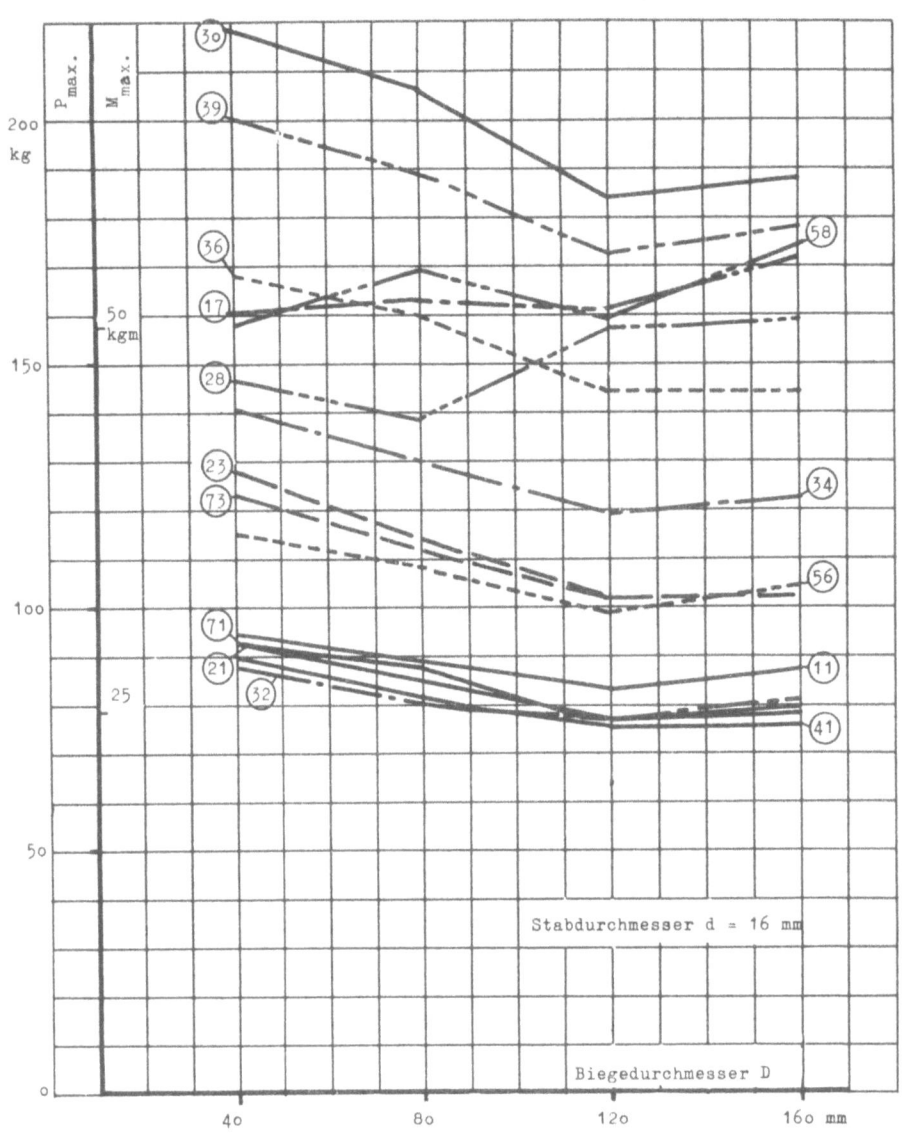

Abbildung 24

Kraft- bzw. Momentenspitzen in Abhängigkeit vom Biegedurchmesser
für verschiedene Stähle

Die Werte dieser Kurven über den verschiedenen Biegedurchmessern D aufgetragen ergeben durch Verbinden der Punkte gleicher Streckgrenze die in den Abbildungen 28 a bis c dargestellten Kurvenscharen. Sie entsprechen denen der Abbildung 25, sind nur, statt für verschiedene Stahlsorten, hier für verschiedene Streckgrenzen angegeben. Nach diesen Darstellungen gehört zu kleinen Stabdurchmessern je ein Biegedurchmesser, für den das Moment ein Maximum bildet. Dieser Maximal-Wert tritt mit größer werdendem Stabdurchmesser bei immer kleineren Biegedurchmessern auf und liegt

Forschungsberichte des Wirtschafts- und Verkehrsministeriums Nordrhein-Westfalen

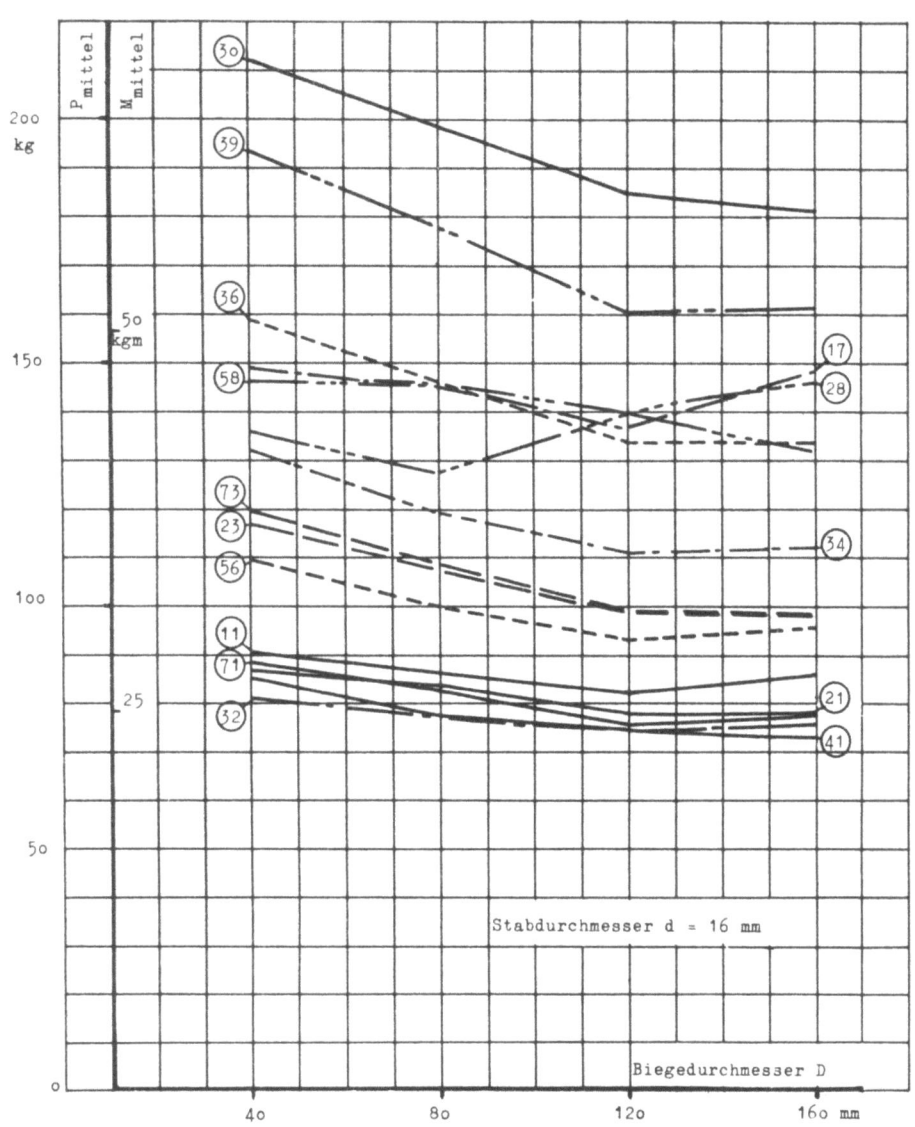

A b b i l d u n g   25

Kraft- bzw. Momenten-Mittelwerte in Abhängigkeit vom Biegedurchmesser für verschiedene Stähle

bereits bei Stäben von 16 mm Durchmesser unter D = 40 mm, also außerhalb des Versuchsbereiches.

Eine Erklärung dieses Kurvenverlaufes läßt sich geben, wenn man folgende von der beim Biegen erforderlichen inneren Arbeit ausgehende Betrachtung anstellt: Die beim Biegen eines Stabelementes der Länge dx aufzuwendende Formänderungsarbeit ist von der Krümmung des Elementes d.h. also auch vom Biegedurchmesser D abhängig. Wie es für die in den Versuchen gemessenen Werte leicht darzustellen ist (aus der Gleichung S. 69 ist es nicht

Forschungsberichte des Wirtschafts- und Verkehrsministeriums Nordrhein-Westfalen

T a b e l l e 5a

Zusammenstellung der Versuchsergebnisse

maximale Kräfte $P_{max.}$

Größe der Kräfte (kg)

Stabdurchmesser	Biege-durchmesser	Hüttenwerk 1			Hüttenwerk 2			Hüttenwerk 3					Hüttenwerk 4			Hüttenwerk 5	Hüttenwerk 7
	Stahl Nr.	1	3	7	1	3	8	0/1	2	4	6	9	1	6	8	1	3
8/10 mm	D = 40 mm			19,9	13,7	17,2	20,2	13,2	20,5	27,5	38,6	43,7	11,8	23,2	37,5	14,1	16,7
	80			21,4	12,4	15,8	22,4	12,3	23,3	29,0	41,4	45,6	11,9	23,1	39,5	13,6	15,7
	120			18,9	13,4	16,4	21,6	12,9	23,6	30,2	42,4	43,0	12,9	23,2	39,2	13,6	16,6
	160			19,2	11,0	16,0	21,2	11,0	22,6	26,0	38,5	44,0	11,8	21,8	39,0	12,7	15,7
16 mm	40	93		161	94	123	147	219	88	141	169	201	90	115	158	93	128
	80	88		163	88	112	139	207	80	130	160	190	81	108	169	85	114
	120	83		161	76	102	156	185	76	119	145	173	75	99	160	77	102
	160	87		172	81	102	159	188	80	122	144	178	75	103	174	79	101
22/24 mm	40	343	490	530	323	505	538	302	277	405	475	580	317	400	500	347	475
	80	328	453	539	299	478	574	281	274	412	503	593	300	388	555	316	443
	120	306	423	553	290	450	607	258	269	400	473	575	283	379	584	296	419
	160	287	397	538	259	418	594	246	274	365	451	556	260	360	577	276	383
26/30	80	665	1002		697	977		617					622	477	715	731	868
	120	643	962		670	990		600					593	491	745	703	854
	144	663	990		714	985		634					615	490	811	729	838

Forschungsberichte des Wirtschafts- und Verkehrsministeriums Nordrhein-Westfalen

T a b e l l e 5a

Zusammenstellung der Versuchsergebnisse

(Fortsetzung)

Größe der Kräfte (kg)

Stabdurchmesser	Hüttenwerk Biege-durchmesser	Stahl Nr. 1	1 3	1 7	2 1	2 3	2 8	o/1	3 2	3 4	3 6	3 9	4 1	5 6	5 8	7 1	7 3
8/10 mm	40			14,8	10,2	13,3	15,7	10,1	15,9	22,4	33,0	36,3	9,0	17,4	30,2	10,9	12,9
8/10 mm	80			15,0	12,4	12,8	16,7	9,8	17,6	24,4	32,3	38,9	9,5	17,7	31,5	10,5	13,1
8/10 mm	120			14,2	11,5	12,8	15,1	10,3	15,8	20,6	28,1	35,7	9,9	16,4	28,5	11,8	13,1
8/10 mm	160			13,4	8,4	11,5	13,0	8,8	14,2	17,1	24,7	32,5	8,9	15,1	26,3	9,9	11,0
16 mm	40	90		149	87	117	136	212	81	132	158	193	85	109	146	88	119
16 mm	80	86		145	83	107	128	199	77	119	146	178	77	100	146	82	108
16 mm	120	82		137	78	99	139	184	74	111	133	160	74	93	140	75	99
16 mm	160	86		148	78	98	132	181	75	112	133	161	73	95	146	77	98
22/24 mm	40	316	445	485	293	457	464	271	253	333	399	498	290	353	439	322	432
22/24 mm	80	287	412	479	262	431	460	267	230	324	405	478	267	324	448	289	383
22/24 mm	120	273	362	455	251	395	465	241	206	302	347	444	248	287	440	276	388
22/24 mm	160	267	363	452	246	379	450	236	207	284	346	426	245	267	442	255	356
26/30	8c	616	904		615	864		563					560	407	598	671	775
26/30	120	590	893		612	888		558					531	397	606	645	771
26/30	144	605	900		665	892		589					584	405	621	681	767

mittlere Kräfte P_mittel

Forschungsberichte des Wirtschafts- und Verkehrsministeriums Nordrhein-Westfalen

Tabelle 5b

Zusammenstellung der Versuchsergebnisse

Größe der Momente (kgm)

Stabdurchmesser	Hüttenwerk Stahl Nr. Biegedurchmesser	1		2				3					4	5		7	
		1	3	7	1	3	8	o/1	2	4	6	9	1	6	8	1	3
8/10 mm	D = 40 mm	29,6		6,34	4,36	5,48	6,44	4,20	6,53	8,75	12,29	13,91	3,76	7,39	11,94	4,49	5,32
	80	28,0		6,81	3,95	5,03	7,14	3,20	7,42	9,24	13,19	14,52	3,79	7,35	12,58	4,33	5,00
	120	26,4		6,02	4,27	5,22	6,88	4,11	7,51	9,61	13,50	13,70	4,11	7,39	12,49	4,33	5,29
	160	27,7		6,12	3,50	5,09	6,44	3,50	7,20	8,48	12,25	14,00	3,76	6,94	12,41	4,04	5,00
16 mm	40	29,6		51,3	29,9	39,2	46,8	69,6	28,0	44,9	53,8	64,0	28,6	36,6	50,3	29,6	40,8
	80	28,0		51,9	28,0	35,7	44,3	65,9	25,5	41,4	50,9	60,5	25,8	34,4	53,8	27,1	36,3
	120	26,4		51,3	24,2	32,5	49,7	58,9	24,2	37,9	46,2	55,1	23,9	31,5	50,9	24,5	32,5
	160	27,7		54,8	25,8	32,5	50,6	59,8	25,5	38,9	45,9	56,7	23,9	32,8	55,5	25,2	32,2
22/24 mm	40	109,1	156,0	168,9	102,9	162,2	169,2	96,1	88,2	128,9	151,1	184,9	100,9	127,2	159,1	110,4	151,2
	80	104,4	144,2	171,8	95,2	152,0	182,9	89,5	87,3	131,1	160,2	188,9	95,5	123,8	176,9	100,7	141,0
	120	97,9	134,8	176,0	92,4	143,2	194,2	82,2	85,6	127,3	150,8	183,0	90,1	120,7	186,0	94,4	133,5
	160	91,4	126,3	171,2	82,4	133,1	189,0	78,3	87,3	116,1	143,9	177,0	82,8	114,7	183,8	88,0	122,0
26/30 mm	80	211,8	318,7		222,0	311,0		196,3					198,1	149,8	227,9	232,8	276,2
	120	204,8	306,2		213,5	315,0		191,0					188,9	156,4	237,5	223,8	271,7
	144	211,3	315,3		227,5	314,0		201,9					195,9	156,0	258,5	232,0	266,8

maximale Momente M max.

Forschungsberichte des Wirtschafts- und Verkehrsministeriums Nordrhein-Westfalen

T a b e l l e 5b (Fortsetzung)

Zusammenstellung der Versuchsergebnisse

mittlere Momente M_{mittel}

Stabdurchmesser	Hüttenwerk Stahl Nr. Biege-durchmesser	1			2			3					4	5		7	
		1	7	3	1	3	8	0/1	2	4	6	9	1	6	8	1	3
		Größe der Momente (kgm)															
8/10 mm	40		4,71		3,25	4,14	5,00	3,22	5,06	7,13	10,39	11,40	2,83	5,54	9,61	3,47	4,11
	80		4,78		3,95	4,08	5,32	3,08	5,60	7,76	10,41	12,22	2,98	5,64	10,02	3,34	4,18
	120		4,52		3,66	4,08	4,81	3,28	5,03	6,55	8,95	11,21	3,11	5,22	9,08	3,76	4,18
	160		4,16		2,64	3,66	4,14	2,76	4,52	5,44	7,86	10,21	2,80	4,81	8,36	3,11	3,50
16 mm	40	28,3	47,4		27,4	37,3	43,3	67,4	25,4	42,0	50,3	61,4	26,7	34,7	46,5	27,6	37,9
	80	27,0	46,1		26,1	34,1	40,7	63,4	24,2	37,9	46,5	56,7	24,2	31,9	46,5	25,8	34,4
	120	25,5	43,6		24,5	31,1	44,3	58,6	23,3	35,4	42,3	50,9	23,3	29,2	44,5	23,6	31,2
	160	27,0	47,1		24,5	30,8	42,0	57,6	23,6	35,6	42,3	51,3	22,9	29,9	46,5	24,2	30,8
22/24 mm	40	99,4	152,4	133,9	93,3	143,5	145,8	86,3	80,5	104,7	125,4	156,0	92,4	111,0	131,9	102,7	135,9
	80	91,4	150,7	129,2	83,4	135,4	144,6	85,0	74,2	101,9	127,2	150,2	85,0	101,9	140,9	91,9	120,1
	120	86,9	143,0	110,8	79,9	124,1	146,1	76,7	65,6	96,1	109,0	139,5	79,0	91,4	138,1	87,9	122,0
	160	84,9	142,0	110,9	78,3	119,1	141,2	75,1	65,9	90,4	108,8	134,9	77,9	85,0	138,9	81,2	111,9
26/30 mm	80	193,8		284,0	193,5	271,3		178,0					176,0	127,9	188,0	211,0	243,8
	120	185,2		280,1	192,1	279,2		175,1					166,9	124,9	190,5	202,8	242,3
	144	190,0		283,0	208,7	290,0		187,9					183,5	127,3	195,0	214,0	240,8

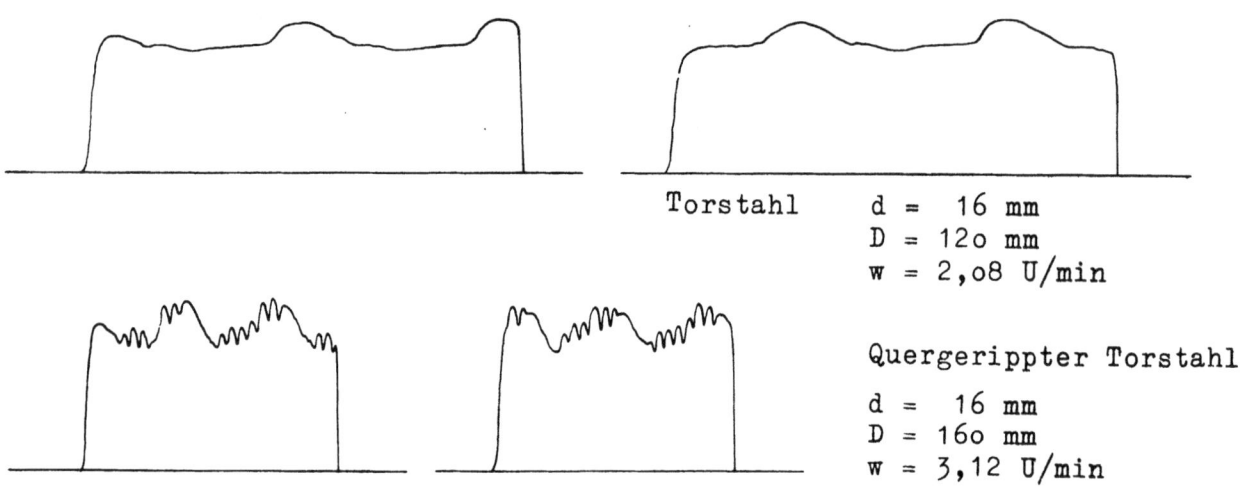

Abbildung 26
Kraftdiagramme für Torstahl und quergerippten Torstahl
mit verschiedenen Einflüssen der Längsrippe

direkt ersichtlich), handelt es sich hierbei um Funktionen 2. oder höherer Ordnung. Die Arbeit je Stabelement fällt von ihrem Höchstwert bei $D = 0$ mit wachsendem Biegedurchmesser und nähert sich asymptotisch der D-Achse, denn die Arbeit wird für $D \rightarrow \infty = 0$. Mit dem Biegedurchmesser ändert sich bei gleichem Biegewinkel aber auch die Hakenlänge L linear. Die beim Biegen eines Hakens der Länge L erforderliche Arbeit stellt sich als Funktion des Biegedurchmessers durch Multiplikation der beiden vorgenannten Kurven (Arbeit je Spiel = $f_{(D)}$ und L = $f_{(D)}$) dar. Diese Funktion liegt in der Ordnung um einen Grad höher als die der Arbeit je Stabelement = $f_{(D)}$, sie ist also von 3. oder höherer Ordnung. Da nun die innere Arbeit gleich der äußeren Arbeit sein muß und die äußere Arbeit wegen des stets gleichen Arbeitsweges der im Antriebsseil wirkenden Kraft bzw. dem Biegemoment proportional ist, stellen sich die über dem Biegedurchmesser aufgetragenen Biegemomente ebenfalls als Funktion 3. oder höherer Ordnung dar. Funktionen 3. oder höherer Ordnung aber haben bis zu 2 oder mehr Extrema, wie es auch aus der Abbildung 28 hervorgeht.

Die Abhängigkeit des Momentes von der Streckgrenze ist nicht direkt gegeben, denn wie bereits unter 1.21 gezeigt wurde, ist das Moment vom Spannungsdehnungsdiagramm abhängig, und nicht etwa nur von der Streckgrenze. Zudem ist die Biegefließgrenze mit der aus dem Zugversuch ermittelten Streckgrenze nicht identisch. Nach SIEBEL - VIEREGGE [6] liegt die

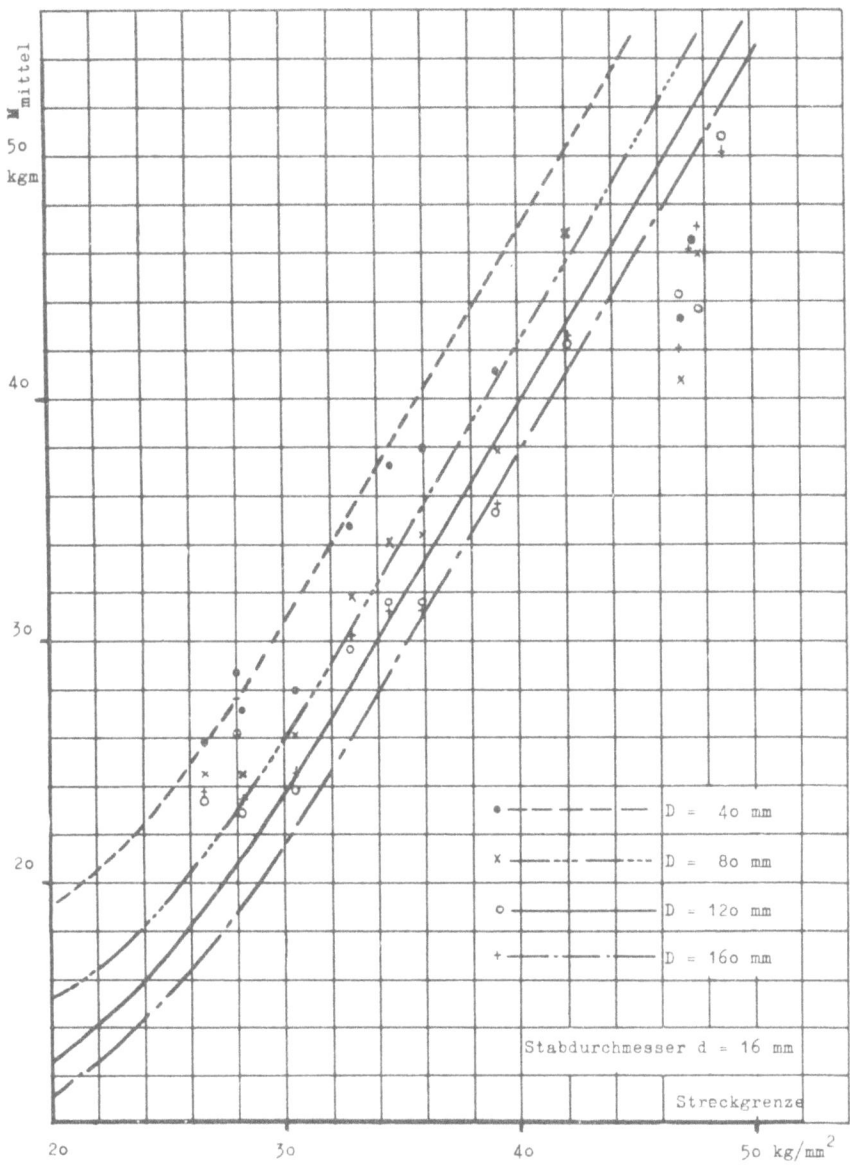

Abbildung 27

Mittlere Momente in Abhängigkeit von der Streckgrenze der Stähle

obere Biegefließgrenze um 3 - 28 % über der oberen Streckgrenze, und zwar umso mehr, je niedriger die Streckgrenze selbst liegt. Die untere Zug- und Druckfließgrenze und die untere Biegefließgrenze können dagegen gleich gesetzt werden.

Die auf der Streckgrenze aufgebaute Darstellung stellt also nur einen Ersatz dar. Wie die Lage der Meßpunkte im Vergleich zur interpolierten Kurve zeigt, ist dieses aber eine für die Praxis gut brauchbare Näherung. Sie ist in der Streckgrenze auf einem Wert aufgebaut, der bei den nach DIN 1045 für Betonstähle geforderten Abnahmeversuchen ohnehin bestimmt wird,

Forschungsberichte des Wirtschafts- und Verkehrsministeriums Nordrhein-Westfalen

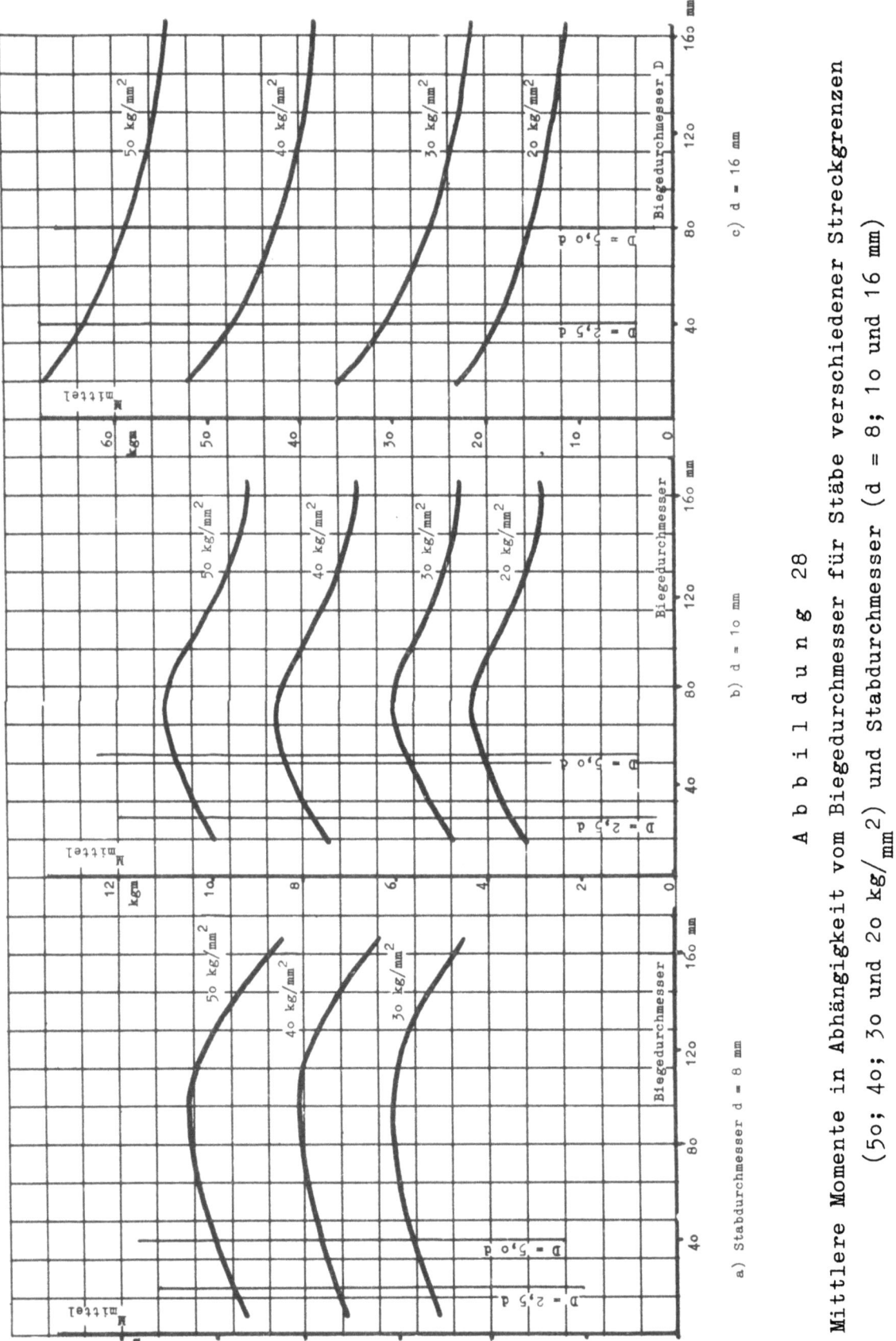

Abbildung 28

Mittlere Momente in Abhängigkeit vom Biegedurchmesser für Stäbe verschiedener Streckgrenzen (50; 40; 30 und 20 kg/mm^2) und Stabdurchmesser (d = 8; 10 und 16 mm)

Forschungsberichte des Wirtschafts- und Verkehrsministeriums Nordrhein-Westfalen
___

und daher allgemein bekannt ist, oder zumindest leicht festgestellt werden kann.

Aus den einzelnen Diagrammen der Abbildung 28 wurde nun, um zu einer Gesamtdarstellung in einem Diagramm zu gelangen, wie in Abbildung 28 a bis c angedeutet, für die den Stabdurchmessern nach DIN 1045 entsprechenden kleinsten Biegedurchmesser D = 2,5 d bzw. D = 5,0 d die Werte für M_{mittel} herausgegriffen und in Abbildung 29 über dem Stabdurchmesser aufgetragen. Um sowohl den Bereich kleiner als auch großer Stabdurchmesser deutlich darzustellen, wurden die gleichen Werte in logarithmischer und gewöhnlicher Teilung aufgetragen.

Von den so entstandenen Kurvenscharen M = f (d), gilt die eine mit D = 2,5 d für Stahl I und die andere mit D = 5,0 d für Stahl II bis IV. Zur besseren Orientierung wurden für die einzelnen Stahlgruppen der Versuchsstähle die mittleren Streckgrenzen bestimmt und die zugehörigen Kurven mit eingezeichnet. Dadurch hat man sofort ein Bild über die Größenordnung der einzelnen Stahlgruppen, kann aber auch für Stähle, deren Streckgrenzen von den Mittelwerten abweichen, das Biegemoment aus dem Diagramm genau ablesen.

Beim Biegen um stärkere Biegedurchmesser D > 2,5 d bzw. D > 5,0 d verändern sich die Momente in dem aus Abbildung 28 ersichtlichen Maß. Mit Ausnahme sehr dünner Stäbe verringern sich diese Momente. Eine Überbeanspruchung der Maschine ist also praktisch ausgeschlossen, so daß die in Abbildung 29 angegebenen Werte als größtmögliche für M_{mittel} angesehen werden können.

Die Maximalwerte P_{max} bzw. M_{max} wurden zur Berechnung der Größe der Momentenspitzen benötigt und später bei der Betrachtung der Maschinenbeanspruchungen herangezogen.

1.26 Die Auswertung und die Ergebnisse der Kontrollversuche

Eine Zusammenstellung verschiedener mit Dehnungsmeßstreifen aufgenommener Kraftdiagramme läßt die Trägheit der hydraulischen Meßanlage, die alle kurzzeitigen Lastspitzen verschluckt und einen ausgeglichenen Mittelwert darstellt, gut erkennen (vergl. Abb. 17 und 30). Die Größe der angezeigten Mittelwerte ist aber in beiden Fällen gleich. Für die planimetrische Flächenermittlung ist der ausgeglichene Diagrammverlauf günstiger.

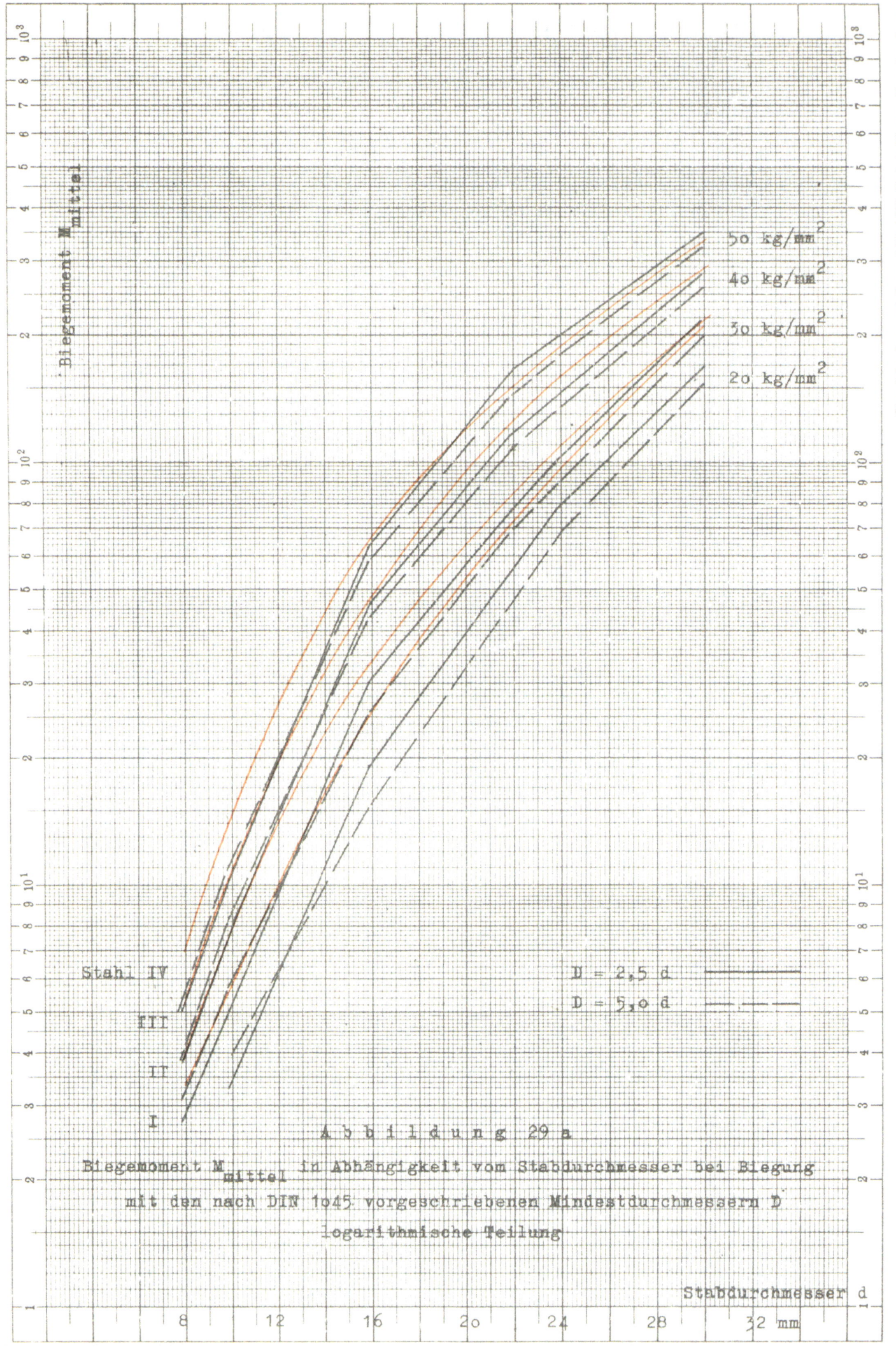

Abbildung 29a

Biegemoment M_{mittel} in Abhängigkeit vom Stabdurchmesser bei Biegung mit den nach DIN 1045 vorgeschriebenen Mindestdurchmessern D
logarithmische Teilung

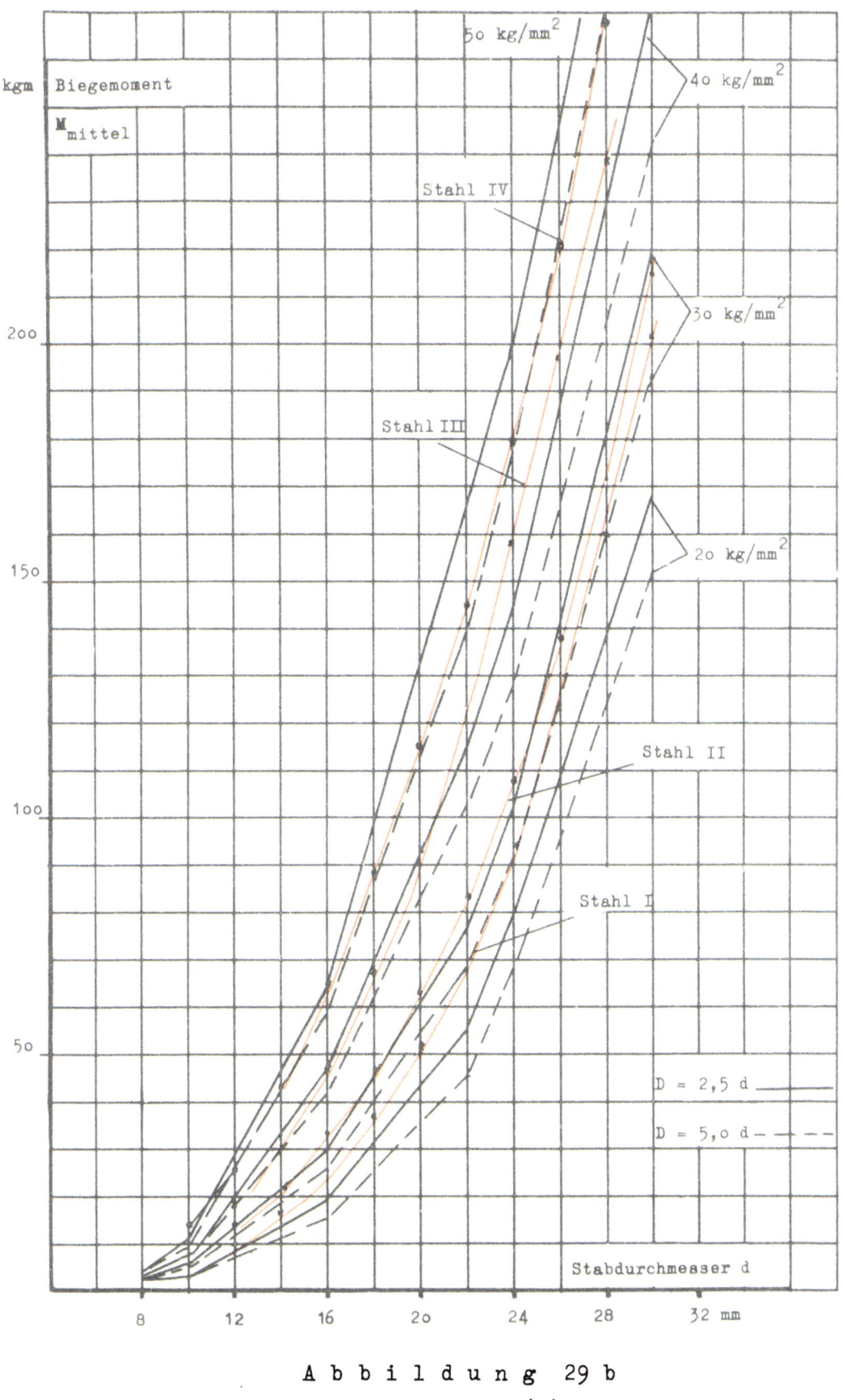

Abbildung 29 b
$M_{mittel} = f(d)$

Forschungsberichte des Wirtschafts- und Verkehrsministeriums Nordrhein-Westfalen

Tabelle 6

Größe der Momentenspitzen in % über dem Mittelwert

Stab-durch-messer d	Biege-durch-messer	Hüttenwerk Stahl: 1		7		2		8		0/1	2	3			4	5		7	
		1	3	1	3	1	3	1	3			4	6	9	1	6	8	1	3
8/10 mm	D = 40 mm			35,2		34,3	29,4	28,7		30,8	28,8	22,6	17,0	20,4	20,0	33,2	24,1	29,2	29,2
	80			42,8		0,0	23,4	24,2		25,6	32,4	18,9	28,0	17,2	25,2	30,5	25,5	29,5	20,0
	120			29,8		16,7	28,0	43,1		25,2	49,2	46,6	50,8	20,4	30,2	41,4	37,8	15,2	26,7
	160			43,2		30,9	39,0	63,0		25,0	59,1	55,4	55,9	35,4	32,5	44,4	48,2	28,2	43,8
16 mm	40	3,2		8,0		8,1	5,1	8,0		3,4	8,7	6,9	7,0	4,2	5,9	5,4	8,2	5,4	7,6
	80	2,3		12,4		6,0	4,8	8,6		8,0	3,9	9,2	9,6	6,8	5,2	8,0	15,8	3,8	5,6
	120	1,2		17,5		2,6	3,0	12,2		0,7	2,7	7,2	9,0	8,0	1,4	6,4	14,3	2,7	3,0
	160	1,1		16,2		3,9	4,0	20,4		3,9	6,8	8,9	8,2	10,4	2,7	8,4	19,1	2,6	3,1
22/24 mm	40	8,5	10,1	9,2		10,2	10,6	16,0		11,6	9,4	21,8	19,1	16,2	9,3	13,2	13,9	7,8	10,0
	80	14,2	10,1	15,1		14,1	11,0	24,8		5,4	19,0	27,0	24,2	24,0	12,5	19,8	23,8	9,6	15,6
	120	12,1	16,8	21,6		15,5	14,0	30,5		7,0	30,8	32,4	36,4	29,2	14,1	32,0	32,8	7,2	8,0
	160	7,5	9,3	19,2		5,2	10,5	31,9		4,2	32,2	28,4	30,2	30,8	6,1	35,0	30,7	8,2	7,6
26/30	80	7,2	11,0			13,5	13,1			9,4					11,0	17,3	19,4	9,0	12,0
	120	9,0	7,5			9,5	11,4			7,2					11,8	23,4	22,9	9,0	10,9
	144	9,8	10,0			7,2	11,6			7,8					5,2	21,0	30,6	7,0	9,2

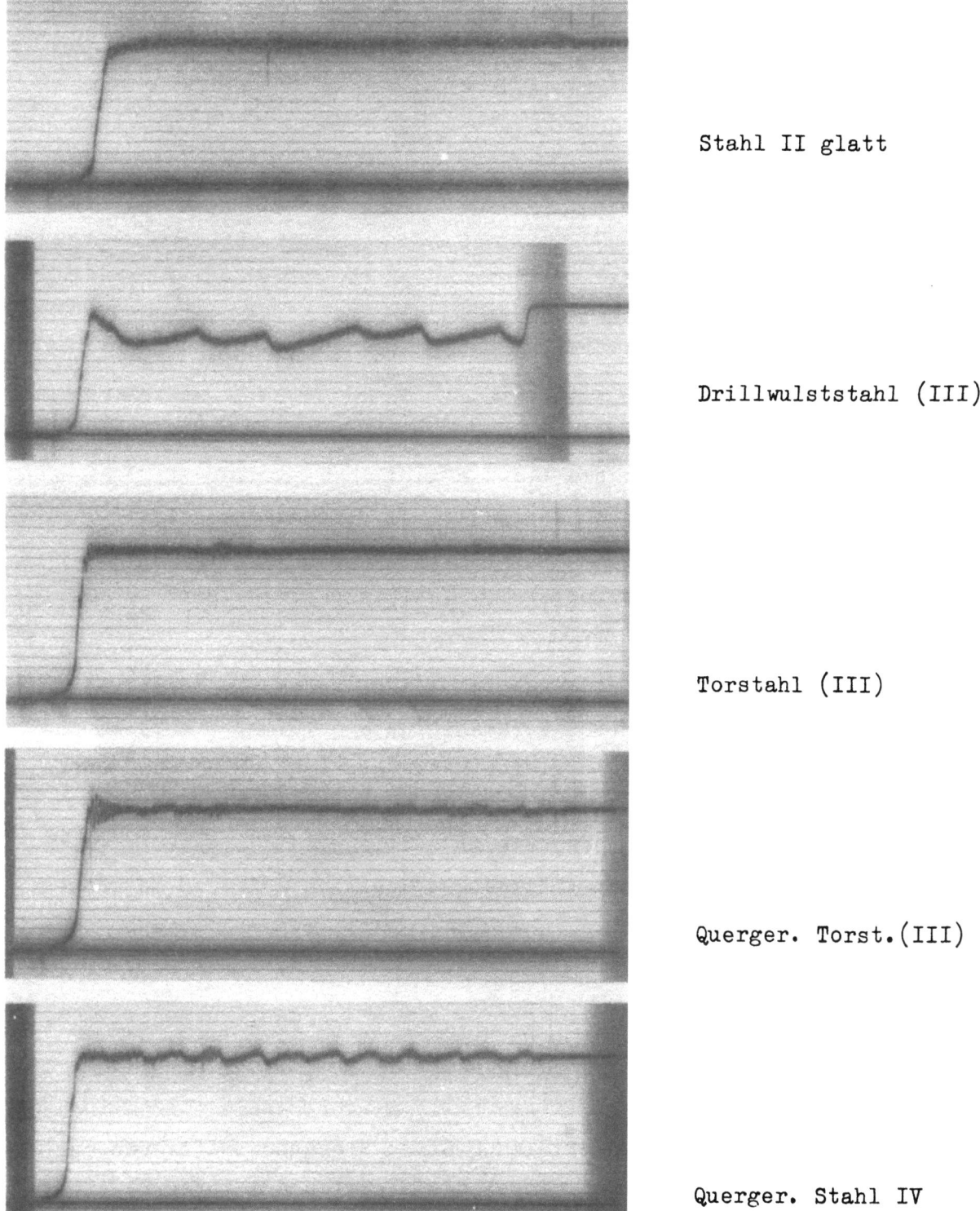

A b b i l d u n g 3o

Kraftdiagramme verschiedener Stähle mit Dehnungsmeßstreifen aufgenommen

d = 16 mm, D = 8o mm, w = 3,12 U/min

Forschungsberichte des Wirtschafts- und Verkehrsministeriums Nordrhein-Westfalen

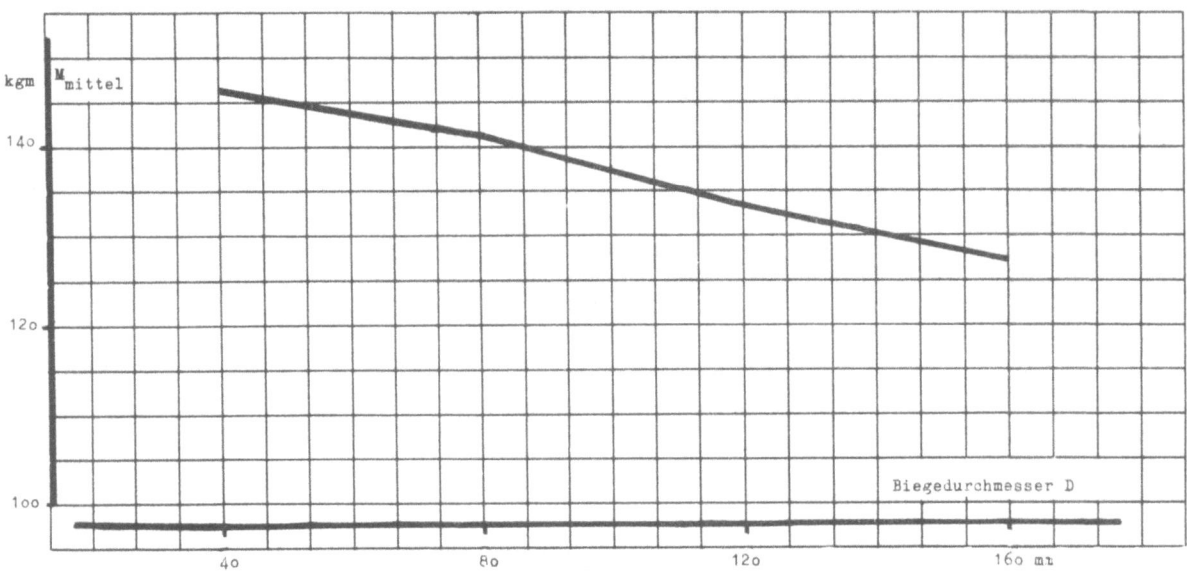

Abbildung 31
Mittlere Momente in Abhängigkeit vom Biegedurchmesser
(nach Kontrollversuchen)
d = 16 mm, quergerippter Torstahl, w = 3,12 U/min

Die Aufnahme der Diagramme mit der hydraulischen Meßvorrichtung war also berechtigt. Die für quergerippten Torstahl für d = 16 mm, D = 80 mm und w = 3,12 U/min durchgeführten Vergleichsmessungen erbrachten den Beweis, daß auch bei quergerippten Torstählen die Abhängigkeit der Kraft bzw. des Momentes vom Biegedurchmesser, wie in Abbildung 31 dargestellt, stetig verläuft. Die Meßpunkte der Abbildung 31 beruhen auf je 8 Messungen.

1.3 Der beim Biegen erforderliche Arbeitsaufwand

1.31 Die Berechnung der Formänderungsarbeit aus den inneren Spannungen

Die beim Biegen eines Hakens der Länge $L = \sum dx$ aufgewendete Arbeit A ergibt sich als Summe der zur Verformung eines Stababschnittes von der Länge dx erforderlichen Arbeiten, wobei diese gleich dem Integral aller Arbeiten an einem Stabelement $dV = dF \cdot dx$ über die Querschnittsfläche ist.

Die Formänderungsarbeit [14] des Stabelementes $dV = dF \cdot dx$ ist wiederum ein Integralwert, und zwar, da in jedem Stabelement die Dehnung während des Biegevorganges von $0 - \varepsilon$ wächst und das Produkt aus Dehnung x Span-

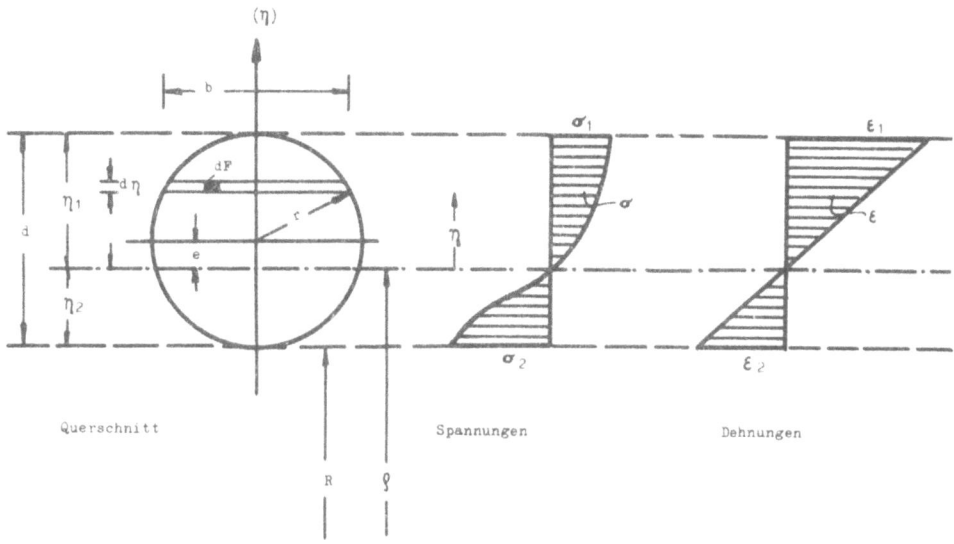

Abbildung 32
Stabquerschnitt mit Spannungs- und Dehnungs-Verteilung

nung die geleistete Arbeit darstellt, gleich:

$$dA = \int_0^\varepsilon \sigma \cdot d\varepsilon$$

wobei $\sigma = f(\varepsilon)$ die Formänderungskurve, das Integral also die Fläche unter dieser Kurve von 0 bis zu der im Stabelement hervorgerufenen Dehnung ε (siehe Abb. 5) darstellt. Die obere Grenze ε ist eine Funktion von η, denn $\varepsilon = \eta \cdot \dfrac{\varepsilon_1}{\eta_1}$, so daß auch das Integral und damit der Wert für dA eine Funktion von η ist. Die Dehnungen aller dV mit gleichen η sind gleich, so daß die Arbeit eines Querschnittsstreifens gleich dem Produkt

$$b \cdot dA = 2 \cdot \sqrt{r^2 - (\eta - e)^2} \int_0^\varepsilon \sigma \cdot d\varepsilon$$

ist. Daraus folgt durch Integration über die Querschnittsfläche die Arbeit für einen Stababschnitt der Länge dx

$$\int_{\eta_2}^{\eta_1} b \cdot dA \, d\eta = 2 \int_{\eta_2}^{\eta_1} \left[\sqrt{r^2 - (\eta - e)^2} \int_0^\varepsilon \sigma \cdot d\varepsilon \right] d\eta$$

und die Gesamtarbeit ergibt sich daraus durch Integration über die Gesamtlänge der O-Linie des gebogenen Teiles. Diese ist für einen Haken von $\alpha°$ gleich

$$L = \alpha \cdot \frac{\pi}{180} \cdot \varrho = \alpha \frac{\pi}{180} (R + \eta_2)$$

so daß also

$$A = \int_0^L dx \int_{\eta_2}^{\eta_1} b \cdot dA \, d\eta$$

$$A = \alpha \frac{\pi}{180}(R + \eta_2) \int_{\eta_2}^{\eta_1} 2\left[\sqrt{r^2 - (\eta - e)^2} \int_0^\varepsilon \sigma \cdot d\varepsilon\right] d\eta$$

Die Grenzen η_1 und η_2 resultieren, da $\eta_1 + \eta_2 = d$ ist, einmal aus dem Stabdurchmesser d, zum anderen aus der, je nach Material verschiedenen Lage der O-Linie im Querschnitt, so daß die Arbeit, wie auch das Moment von der Stahlsorte, dem Stabdurchmesser d und dem Biegeradius R abhängig ist. Zur Berechnung der Arbeit aus dieser Formel müßte man also zunächst für verschiedene ε den Integralwert $\int_0^\varepsilon \sigma \cdot d\varepsilon$ ausrechnen (planimetrieren) und mit $2 \times \sqrt{r^2 - (\eta - e)^2}$ multipliziert als Funktion von η auftragen. Nach Gleichung 11 c findet man die Exzentrizität der O-Linie $e = \psi(R)$ und aus $\frac{d}{2} \pm e$ die beiden Grenzen η_1 und η_2 des Integrals, das nunmehr durch Planimetrieren der Fläche unter der über η aufgetragenen Kurve $b \cdot dA = f(\eta)$ in diesen Grenzen η_1 bis η_2 gelöst werden kann. Mit der Länge $L = \alpha \frac{\pi}{180}(R + \eta_2)$ multipliziert findet man die gesuchte Arbeit A.

Ähnlich wie bei der Berechnung der Momente ist der beschriebene Weg umständlich und langwierig. Deshalb wurde auch in der vorliegenden Arbeit hiervon kein Gebrauch gemacht und die Arbeiten, wie im folgenden ausgeführt, aus den gemessenen äußeren Kräften ermittelt.

1.32 Die Berechnung der Formänderungsarbeit aus den äußeren Kräften

Von den an den Rollen der Biegeeinrichtung angreifenden Kräften leistet nur die Kraft P_2 der Exzenterrolle E auf dem Wege ihrer Verschiebung Arbeit. Diese ist gleich

$$A = \int_0^\alpha P_2 \cdot \sin \alpha_0 \cdot h \cdot d\alpha$$

Da $\sin \alpha_0 \cdot h = a_2$ ist, und das erforderliche Biegemoment $M = P_2 \cdot a_2$, so entspricht die obige Gleichung der allgemein bekannten Form der Arbeit eines Momentes

$$A = \int_0^\alpha M \cdot d\alpha$$

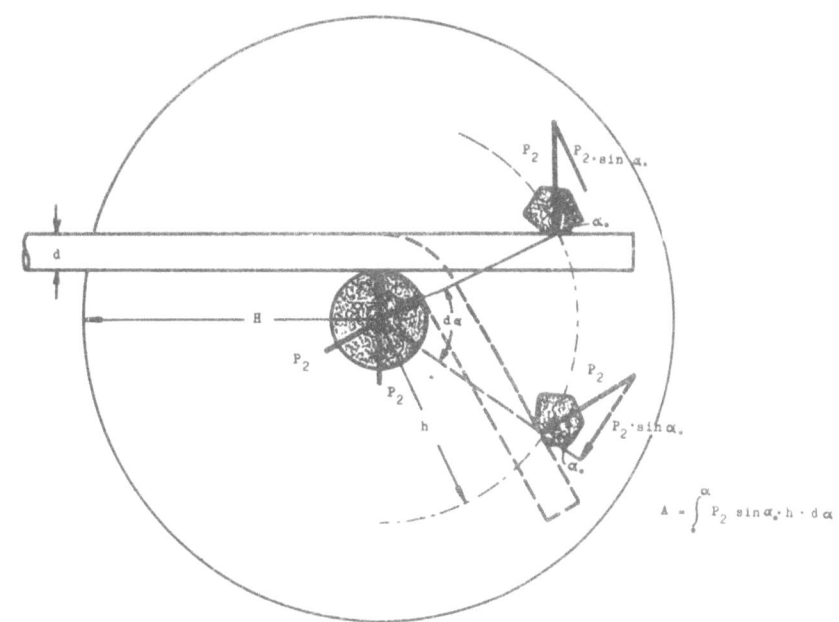

Abbildung 33
Kräfte und Verschiebungen

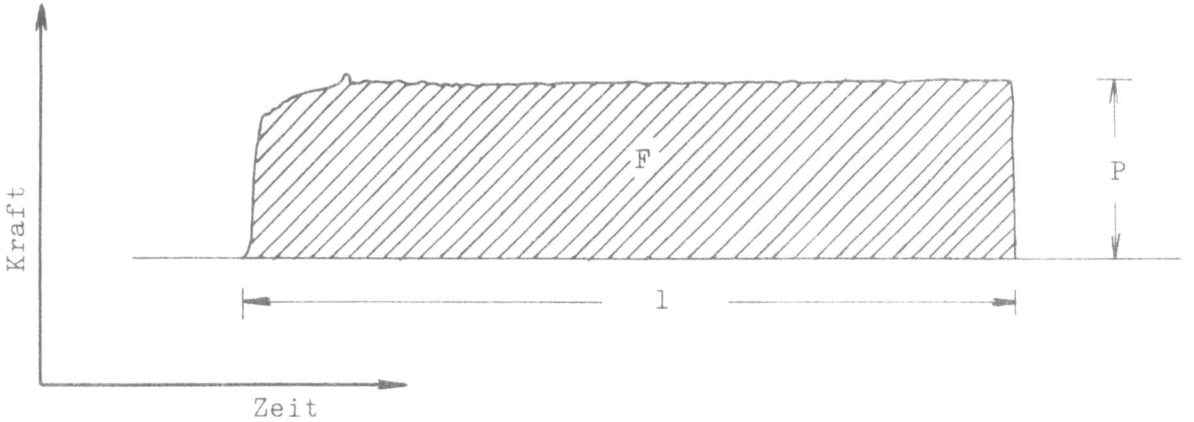

Abbildung 34
Kraftdiagramm für Betonstahl II
Stabdurchmesser d = 24 mm   Biegedurchmesser D = 160 mm
Biegetellerdrehzahl w = 3,12 U/min

Da das Moment durch die am Biegetellerumfang angreifende Seilkraft P erzeugt wird, ist die Arbeit dieser Kraft der Momentenarbeit gleichzusetzen, und es ist also auch

$$A = \int_0^s P \cdot ds$$

s ist der Weg, den ein Punkt des Biegetellerumfanges während des Biegens zurücklegt, also $s = \frac{\pi}{180} \cdot \alpha°$.

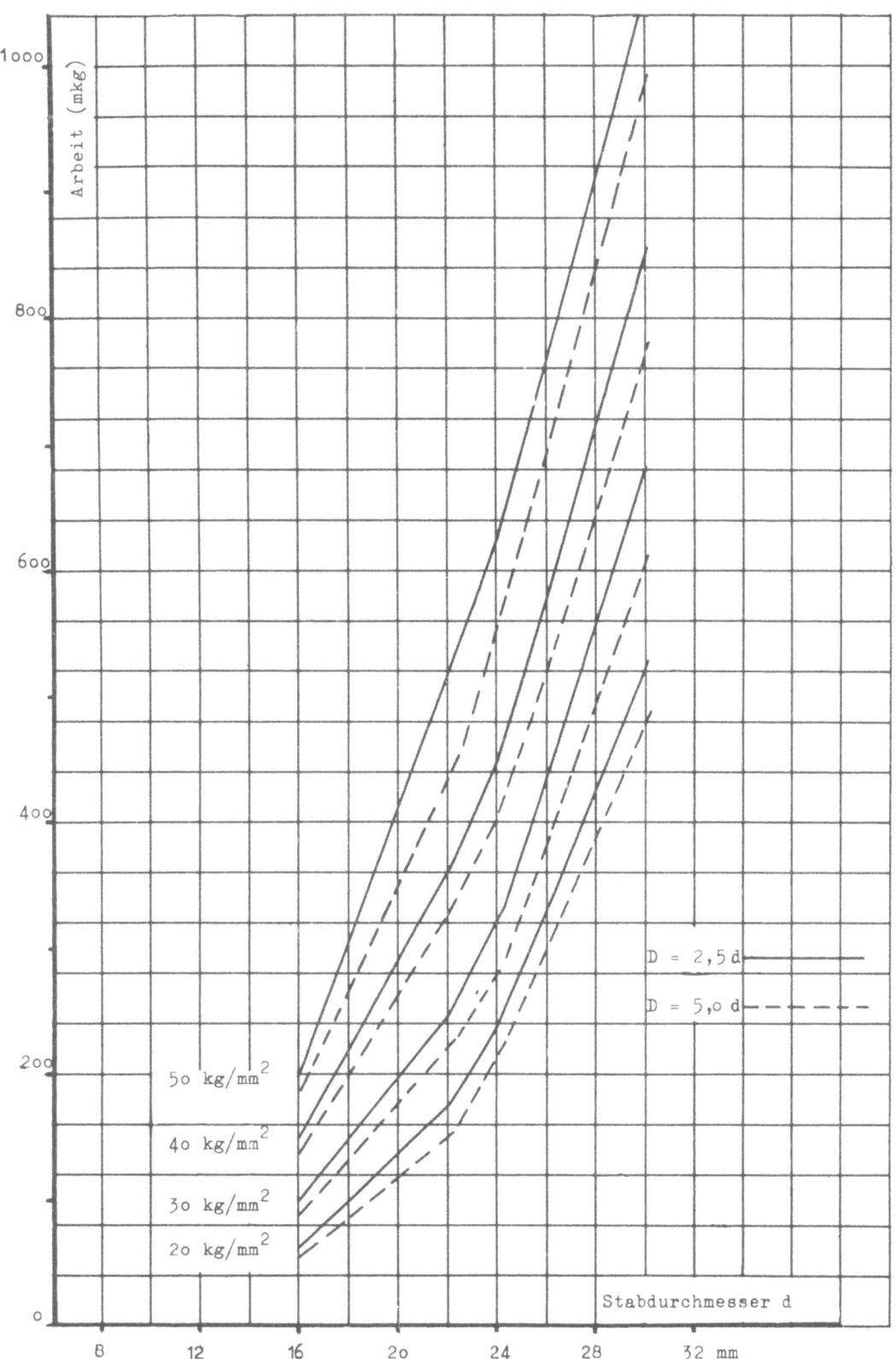

Abbildung 35 b
A = f (d)

Da die Kraft P bei den Versuchen gemessen wurde, ist die Berechnung der Arbeit nach dieser Formel nicht mehr schwierig. Sie stellt sich direkt als Fläche der aufgenommenen Kraftdiagramme dar, wobei die Ordinatenwerte im Kraftmaßstab, die Abszissenwerte in dem mit $\frac{V_{Seil}}{V_{Papier}}$ multiplizierten Längenmaßstab abzulesen sind.

V_{Seil} ist hierbei die Geschwindigkeit des Seiles und V_{Papier} die Vorschubgeschwindigkeit des Registrierpapieres.

1.33 Die Formänderungsarbeit beim Biegen mit den nach DIN 1045 vorgeschriebenen Mindest-Biegedurchmessern in Abhängigkeit vom Stabdurchmesser und der Streckgrenze

Alle für diese Darstellung erforderlichen Zahlenwerte wurden bereits im ersten Teil der Arbeit ermittelt. Die Kraftdiagramme wurden dort bei der Berechnung der mittleren Kräfte planimetriert und die Diagrammfläche, um zur mittleren Kraft zu gelangen, mit dem Kraftmaßstab multipliziert und durch die Diagrammlänge dividiert. Da das unter 1.32 erwähnte Verhältnis $\frac{V_{Seil}}{V_{Papier}}$ wegen der für Papier- und Seilvorschub gleichen Zeit (Biegezeit) dem Verhältnis der Vorschübe $\frac{s_{Seil}}{s_{Papier}}$ gleich ist, s_{Seil} aber bei allen Biegungen = 100 cm und s_{Papier} = der Diagrammlänge l ist, entspricht also die 100-fache Kraft P_{Mittel} bereits der Formänderungsarbeit in (cmkg) oder die Kraft P_{Mittel} selbst der Arbeit in (mkg). Die für die Kräfte geltenden Diagramme gelten demnach in der gleichen Form mit entsprechend geänderten Maßstäben auch für die Arbeiten. Das Enddiagramm ist in den Abbildungen 35 a und b dargestellt.

1.34 Die Vergleichsmessungen an einer Biegemaschine

Um Rückschlüsse auf den Wirkungsgrad von Biegemaschinen zu ermöglichen, wurden sämtliche bei den Versuchen verwendeten Stähle mit den Mindestdurchmessern nach DIN 1045 auf einer Peddinghausmaschine "Perfekt 40" vergleichsweise gebogen und die Stromaufnahme mit einem registrierenden Wattmeter festgehalten.

Die Diagrammflächen entsprechen dem Arbeitsaufwand. Sie wurden planime-

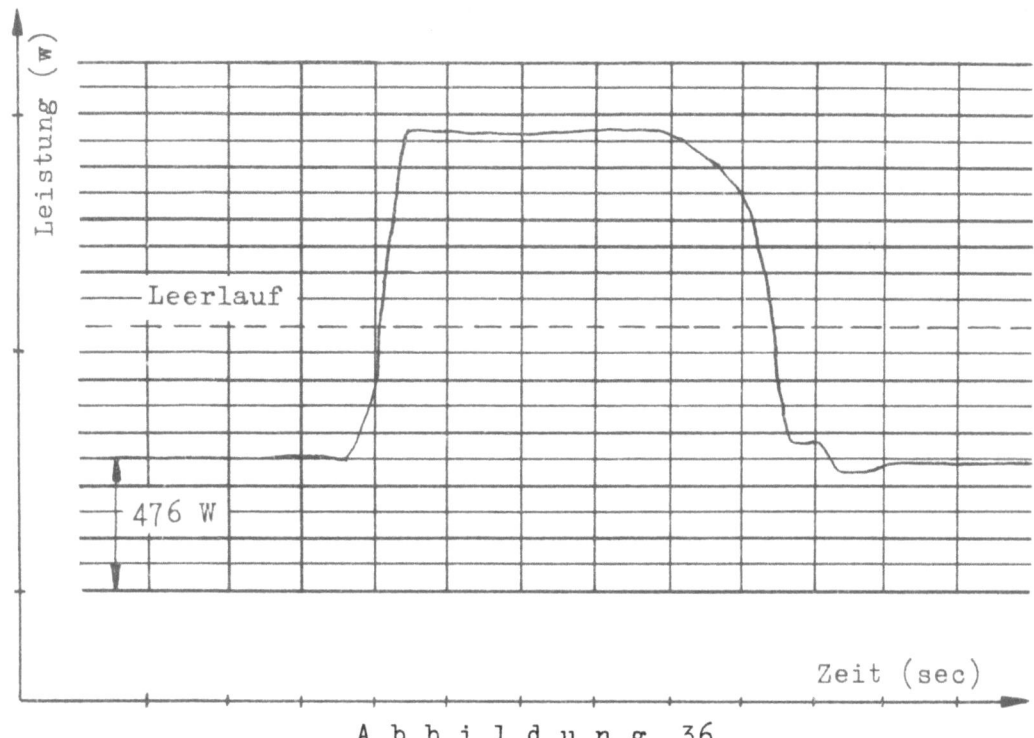

Abbildung 36

Diagramm des registrierenden Wattmeters

Betonstahl I, d = 30 mm

triert, mit dem Arbeitsmaßstab multipliziert und die so erhaltenen Arbeitswerte (Wsek) in Abbildung 7 dem durch die Institutsversuche gefundenen gleich 100 % gesetzten reinen Arbeitsaufwand gegenübergestellt.

Der Leerlaufanteil für den Antrieb des Motors mit einer Leistungsaufnahme in Höhe von ca. 476 W ist hierin nicht enthalten. Bei den, für die verschieden starken Stäbe bei dieser Maschine vorgeschriebenen Biegegeschwindigkeiten kommen daher für den Gesamtarbeitsaufwand der Biegemaschine noch folgende Werte hinzu:

für Stäbe von d =	Biegetellerdrehzahl w =	Biegezeit für das Biegen von 180°	Arbeitsanteil für den Leerlauf
8 mm	11,3 U/min	2,6 sec.	1240 Wsek.
10 mm	11,1 "	2,7 "	1290 "
16 mm	10,3 "	2,9 "	1380 "
22 mm	9,2 "	3,2 "	1520 "
24 mm	8,6 "	3,5 "	1670 "
26 mm	8,1 "	3,8 "	1810 "
30 mm	7,1 "	4,4 "	2100 "

Als mittlere Werte aller Messungen gleicher Stabdurchmesser ergeben sich daraus und aus der Tabelle 7 die Werte der Tabelle 8. Wie diese Gegenüberstellung zeigt, ist der Mehraufwand absolut gesehen bei Stäben vom Durchmesser d = 16 mm am kleinsten und nimmt für kleinere Durchmesser weniger für größere mehr zu. Prozentual fällt der Mehraufwand von ca. 1800 % bei dünnen Stäben zunächst schnell, später langsamer auf ca. 60 % bei 30 mm starken Stäben. Entsprechend nimmt der Wirkungsgrad der Maschinen bei Einzelbiegungen von ca. 5 % für Stäbe von d = 8 mm mit dem Stabdurchmesser bis auf ca. 63 % für Stäbe von d = 30 mm zu. Bei gleichzeitigem Biegen mehrerer Stäbe liegt der Wirkungsgrad für Stäbe von d = 8 mm bei 33 %, für Stäbe von d = 16 mm bei 67 % am höchsten und fällt dann mit zunehmendem Stabdurchmesser wieder langsam auf ca. 63 % bei d = 30 mm ab.

1.35 Die zulässige Maschinenbeanspruchung

Es ist allgemein üblich, die Leistung einer Biegemaschine in dem stärksten noch zu biegenden Stabdurchmesser in Betonstahl I anzugeben. Es ist aber von Interesse zu wissen, wieviel dünnere Stäbe gleicher oder anderer Stahlgruppen stattdessen gleichzeitig gebogen werden können.

Um die Frage generell zu beantworten, wurde aus den Versuchsergebnissen die Tabelle 9 entwickelt, in welcher die zu jeder Maximalstärke zugehörigen, das gleiche Biegemoment erfordernden Stabzahlen anderer Durchmesser und Stahlgruppen angegeben sind. Vorausgesetzt ist die Beibehaltung der für den stärksten Durchmesser zugelassenen Biegegeschwindigkeit. Die Tabellenwerte sind aus den aus Abbildungen 29 a und b abgegriffenen Momentenwerten für die dort angegebenen Kurven verschiedener Stähle berechnet. Sie gelten, da sie auf den mittleren und nicht maximalen Momenten aufgebaut sind, theoretisch nur für Stäbe, deren Lastspitzen prozentual gleichviel über dem Mittelwert liegen. Bei glatten Stählen ($M_{max} \leq 1{,}15\ M_{Mittel}$) kann dies mit hinreichender Genauigkeit vorausgesetzt werden. Bei Profilstählen ($M_{max} \leq 1{,}30\ M_{Mittel}$) müßte aber - soweit die Maschinen die dort auftretenden Lastspitzen von bis zu 15 % mehr als bei glatten Stählen nicht aufnehmen können - die zulässige Stabzahl $\frac{100}{115} \times 100 = 87$ % ermäßigt werden. Wie die im Gegensatz zu den Diagrammen der Versuchseinrichtung auch bei Profilstählen glatten Wattmeterdiagramme erwarten lassen, sind diese Spitzen für die Maschinen mit ihren großen Schwungmassen bedeutungslos, so daß die Werte der Tabelle 9 als praktisch allgemeingültig angesehen

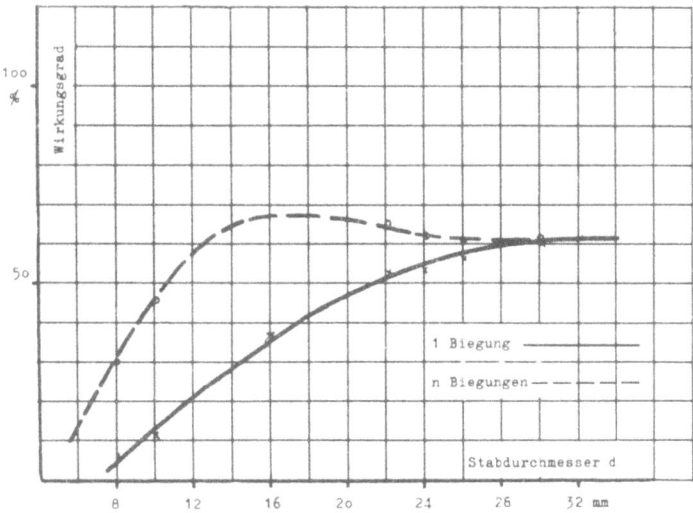

Abbildung 37

Wirkungsgrad der Biegemaschine "Perfekt 4o", Fabrikat Peddinghaus, beim Biegen je eines Stabes und der nach arbeitstechnischen Gesichtspunkten günstigsten Stabzahl verschiedener Stabdurchmesser

werden können. Vergleichsweise ist in der Tabelle 9 die nach arbeitstechnischen Gesichtspunkten gewählte Stabzahl je Arbeitsspiel angegeben. Sie liegt meistens unter der zulässigen Zahl. Eine Erhöhung der Biegegeschwindigkeit ist also bei den in der Praxis gleichzeitig gebogenen Stäben vielfach möglich.

Diese zulässige Geschwindigkeitserhöhung ist in der Tabelle 1o angegeben. Sie ergibt sich durch Division der zulässigen Stabzahl bei kleinster Geschwindigkeit durch die gewählte Stabzahl. Die Zahlen der Tabelle 1o stellen also das zulässige Vielfache der für die Tabelle 9 zugrundeliegenden Geschwindigkeitswerte dar.

2. Der Aufwand an Arbeitsstunden durch das Bedienungspersonal Ermittlung von Leistungsrichtwerten

2.1 Die Voraussetzungen für die Gültigkeit der Leistungsrichtwerte

2.11 Die Einrichtung des Arbeitsplatzes

Da die Einrichtung des Biegeplatzes die Arbeitsgangfolge und damit auch die Arbeitszeit maßgeblich beeinflußt, muß den im folgenden aufzustellenden Leistungsrichtwerten eine "Biegeplatz-Normaleinrichtung" zugrunde-

Tabelle 7
Vergleich des Arbeitsaufwandes beim Biegen mit
Versuchseinrichtung und Biegemaschine

Stabdurchm. d_{mm}	Vers.-Bez.	Stahl-Gruppe	Biegedurchm. D_{mm}	Arbeitsaufwand Versuchseinrichtung mkg	Arbeitsaufwand Versuchseinrichtung Wsek	Biegemaschine	Mehraufwand der Biegemaschine gegenüber Versuchseinrichtg. Wsek	Mehraufwand der Biegemaschine gegenüber Versuchseinrichtg. %
1	2	3	4	5	6	7	8	9
8	121	Betonstahl I	2o	9,2	9o,4	966	876	97o
	131			1o,2	1oo,o	1348	1248	1248
	141			8,8	86,4	1268	1182	138o
	171			11,o	1o7,9	1284	1176	119o
	123	Betonstahl II	4o	13,3	13o,2	1o65	935	719
	173			19,9	195,2	1141	946	49o
	117	Torstahl	4o	14,8	145,1	972	827	67o
	128	querger.Torstahl	4o	15,7	154,o	942	788	513
1o	232	querger.Stahl I	25	15,o	147,1	-	-	-
	234	querger.Stahl II	5o	22,8	223,8	1244	1o2o	457
	236	querger.Stahl III	5o	32,8	321,9	1141	919	288
	256			17,5	171,6	1o14	842	491
	258	querger.Torstahl	5o	3o,6	3oo,o	1o45	745	248
	239	querger.Stahl IV	5o	36,9	362,o	717	355	98
16	311	Betonstahl I	4o	9o	873	1861	988	113
	321			87	853	1917	1o64	125
	341			85	834	1473	639	77
	371			88	864	1371	5o7	59
	332	querger.Stahl I	4o	81	794	141o	616	78
	323	Betonstahl II	8o	1o7	1o5o	1774	724	69
	373			1o8	1o59	1786	727	69
	334	querger.Stahl II	8o	119	1168	1822	654	56
	336	querger.Stahl III	8o	146	1431	1965	534	37
	356			1oo	981	1553	572	58
	317	Torstahl	8o	145	1421	2o28	6o7	43
	328	querger.Torstahl	8o	128	1253	1775	522	42
	358			146	1431	1935	5o4	35
	339	querger.Stahl IV	8o	178	1745	228o	535	31

Tabelle 7
Vergleich des Arbeitsaufwandes beim Biegen mit Versuchseinrichtung und Biegemaschine

(Fortsetzung)

Stabdurchm. d mm	Stahl Vers.-Bez.	Stahl Stahl-Gruppe	Biegedurchm. D mm	Arbeitsaufwand Versuchseinrichtg. mkg	Arbeitsaufwand Versuchseinrichtg. Wsek	Biegemaschine	Mehraufwand der Biegemaschine geg. über Versuchseinrichtg. Wsek	Mehraufwand der Biegemaschine geg. über Versuchseinrichtg. %
1	2	3	4	5	6	7	8	9
16	330	Handelsstahl	80	199	1951	2505	554	28
22	432	querger. Stahl I	60	241	2360	3020	660	28
	434	querger. Stahl II	110	308	3020	4535	1515	50
	436	querger. Stahl III	110	361	3540	5230	1690	48
	439	querger. Stahl IV	110	452	4430	6635	2205	50
24	530	Handelsstahl	60	268	2630	3310	680	26
	511	Betonstahl I	60	301	2950	5440	2490	85
	521			272	2670	3335	665	25
	541			279	2740	3670	930	34
	571			306	3000	3350	350	12
	513	Betonstahl II	110	273	2680	3775	1095	41
	523			403	3960	5365	1405	35
	573			387	3790	5170	1380	36
	556	querger. Stahl III	110	296	2905	3950	1045	36
	517	Torstahl	110	461	4520	6465	1945	43
	528	querger. Torstahl	110	464	4550	6545	2095	46
	558			442	4330	6220	1890	44
26	656	querger. Stahl III	130	400	3920	5290	1370	35
	658	querger. Torstahl	130	612	6000	8960	2960	49
30	711	Betonstahl I	80	616	6050	6400	350	6
	721			615	6030	8290	2260	37
	731			563	5525	7330	1805	33
	741			560	5490	7170	1680	30
	771			671	6580	8750	2170	33
	713	Betonstahl II	150	902	8845	18170	-	-
	723			892	8750	12350	3600	41
	773			765	7500	9420	1920	26

Forschungsberichte des Wirtschafts- und Verkehrsministeriums Nordrhein-Westfalen

Tabelle 8

Arbeitsmehraufwand einer Biegemaschine im Vergleich zur Formänderungsarbeit und der Wirkungsgrad der Biegemaschine

	Stabdurchmesser mm	Stabzahl	Arbeit bei Versuchs-Einrichtg. W·sek	Mehraufwand ohne Leerlaufanteil W·sek	Mehraufwand ohne Leerlaufanteil %	Leerlauf-anteil W·sek	Mehraufwand mit Leerlaufanteil W·sek	Mehraufwand mit Leerlaufanteil %	Wirkungs-grad der Biegemasch. %
1	2	3	4	5	6	7	8	9	10
Biegung eines Stabes je Arbeitsgang	8	1	126	997	790	1240	2237	1775	5,3
	10	1	255	776	304	1290	2066	811	11,0
	16	1	1180	590	50	1380	1970	167	37,5
	22+	1	3337	1517	45	1520	3037	91	52,3
	24	1	3390	1330	39	1670	3000	89	53,1
	26+	1	4920	2165	44	1810	3975	81	55,3
	30	1	6850	1970	29	2100	4070	59	62,6
Biegung mehrerer Stäbe je Arbeitsgang ✗	8	8,7	1096	997	91	1240	2237	204	32,9
	10	7,1	1810	776	43	1290	2066	114	46,7
	16	3,4	4015	590	15	1380	1970	49	67,2
	22+	1,8	6070	1517	25	1520	3037	50	65,5
	24	1,5	5070	1330	26	1670	3000	59	62,7
	26+	1,3	6390	2165	34	1810	3975	62	61,6
	30	1,0	6850	1970	29	2100	4070	59	62,6

+ nur wenig Meßwerte
✗ Stabzahl nach arbeitstechnischen Gesichtspunkten

gelegt werden. Diese soll den Ideallösungen, wie sie von den Biegemaschinenfirmen vorgeschlagen werden, und z.B. als stationäre Anlagen angetroffen werden, entsprechen.

Das Kernstück der Anlage, dem alle anderen Vorrichtungen zugeordnet sind, bildet eine Biegemaschine. In Deutschland werden diese Maschinen von den Firmen "Futura", Wuppertal-Elberfeld, und "Peddinghaus", Gevelsberg, hergestellt. Sie arbeiten alle, wie bereits unter 1.1 beschrieben, mit einem Biegeteller und biegen die Stäbe um Rollen. Die verschiedenen Typen

Forschungsberichte des Wirtschafts- und Verkehrsministeriums Nordrhein-Westfalen

a) Stahllager mit Betonstahlschneidemaschine

b) Anordnung der Biegemaschine mit Meß- und Biegetisch

A b b i l d u n g 38

Biegeplatz der Firma Holzmann, Frankfurt/Main

unterscheiden sich im wesentlichen nur in der Leistung (d.h. im stärksten noch zu biegenden Stabdurchmesser). Zur möglichst weitgehenden Ausnutzung der Maschinenleistung sind die größeren Futura-Maschinen mit

Forschungsberichte des Wirtschafts- und Verkehrsministeriums Nordrhein-Westfalen

Tabelle 9

Zulässige Stabzahl verschiedener Durchmesser und Stahlgruppen beim Biegen von Einfach-(a) und Doppelaufbiegungen (b) in Abhängigkeit vom maximal für Betonstahl I zulässigen Stabdurchmesser bei der für diesen Maximaldurchmesser vorgeschriebenen Biegegeschwindigkeit unter Voraussetzung gleichbleibender Maschinenbeanspruchung

maximal zuläss. Stab-Ø Stahl I d mm	Stahl	30 a	30 b	28 a	28 b	26 a	26 b	24 a	24 b	22 a	22 b	20 a	20 b	18 a	18 b	16 a	16 b	14 a	14 b	12 a	12 b	10 a	10 b	8 a	8 b	Stabzahl nach arbeitstechnischen Gesichtspunkten
30	I	1																								1
28	I	1,27		1																						1,1
	II	1,18																								
26	I	1,66		1,30		1																				1,3
	II	1,48		1,16																						
	III	1,03																								
24	I	2,16	1,08	1,70		1,31		1																		1,5
	II	1,89		1,48		1,14																				
	III	1,28		1,01																						
	IV	1,12																								
22	I	2,90	1,45	2,28	1,14	1,75		1,34		1																1,8
	II	2,43	1,21	1,93		1,48		1,13																		
	III	1,64		1,30		1,00																				
	IV	1,39		1,10																						
20	I	3,94	1,97	3,08	1,54	2,37	1,18	1,81		1,35		1														2,2
	II	3,20	1,60	2,54	1,27	1,95		1,49		1,11																
	III	2,17	1,08	1,72		1,32		1,01																		
	IV	1,75		1,39		1,07																				
18	I	5,51	2,75	4,32	2,16	3,32	1,66	2,54	1,27	1,90		1,40		1												2,7
	II	4,37	2,18	3,46	1,73	2,72	1,36	2,03	1,01	1,51		1,12														
	III	2,99	1,49	2,37	1,19	1,82		1,39		1,03																
	IV	2,28	1,14	1,81		1,39		1,06																		

Forschungsberichte des Wirtschafts- und Verkehrsministeriums Nordrhein-Westfalen

Tabelle 9

Zulässige Stabzahl verschiedener Durchmesser und Stahlgruppen beim Biegen von Einfach-(a) und Doppelaufbiegungen (b) in Abhängigkeit vom maximal für Betonstahl I zulässigen Stabdurchmesser bei der für diesen Maximaldurchmesser vorgeschriebenen Biegegeschwindigkeit unter Voraussetzung gleichbleibender Maschinenbeanspruchung

(Fortsetzung)

maximal zuläss. Stab-∅ Stahl I d_{mm}	Stahl	30 a	30 b	28 a	28 b	26 a	26 b	24 a	24 b	22 a	22 b	20 a	20 b	18 a	18 b	16 a	16 b	14 a	14 b	12 a	12 b	10 a	10 b	8 a	8 b	Stabzahl nach arbeitstechnischen Gesichtspunkten
16	I	8,00	4,00	6,26	3,13	4,82	2,41	3,68	1,84	2,76	1,38	2,03	1,01	1,45												3,4
	II	6,11	3,05	4,85	2,42	3,72	1,86	2,85	1,42	2,12	1,06	1,57		1,12												
	III	4,30	2,15	3,40	1,70	2,61	1,30	2,00	1,00	1,48		1,10														
	IV	3,10	1,55	2,46	1,23	1,89		1,45		1,07																
14	I	12,71	6,35	10,00	5,00	7,67	3,83	5,87	2,93	4,36	2,18	3,24	1,62	2,32	1,16	1,59										4,4
	II	9,25	4,62	7,33	3,67	5,64	2,82	4,32	2,16	3,20	1,60	2,38	1,19	1,70		1,17										
	III	6,70	3,35	5,21	2,60	4,00	2,00	3,08	1,54	2,27	1,13	1,69		1,21												
	IV	4,70	2,35	3,72	1,86	2,86	1,43	2,18	1,09	1,62		1,20														
12	I	21,42	10,71	16,81	8,40	12,94	6,47	9,90	4,95	7,35	3,67	5,45	2,72	3,90	1,95	2,68	1,34	1,68								5,6
	II	14,95	7,47	11,90	5,95	9,10	4,55	6,96	3,48	5,17	2,58	3,84	1,92	2,74	1,37	1,89		1,18								
	III	10,64	5,32	8,41	4,20	6,47	3,23	4,95	2,47	3,67	1,83	2,72	1,36	1,59		1,34										
	IV	7,82	3,91	6,20	3,10	4,76	2,38	3,64	1,82	2,70	1,35	2,01	1,00	1,43												
10	I	35,78	17,89	28,10	14,05	21,58	10,79	16,50	8,25	12,22	6,11	9,10	4,55	6,49	3,24	4,46	2,23	2,80	1,40	1,67		1				7,1
	II	26,45	13,22	20,98	10,49	16,10	8,05	12,30	6,15	9,15	4,57	6,79	3,39	4,85	2,42	3,34	1,67	2,10	1,05	1,24						
	III	20,00	10,00	15,83	7,91	12,18	6,09	9,30	4,65	6,90	3,45	5,13	2,57	3,66	1,83	2,52	1,26	1,58								
	IV	14,40	7,20	11,42	5,71	8,78	4,39	6,72	3,36	4,97	2,48	3,70	1,85	2,64	1,32	1,82		1,14								
8	I	60,75	30,37	47,70	23,85	36,71	18,35	28,08	14,04	20,81	10,40	15,48	7,74	11,05	5,52	7,60	3,80	4,78	2,39	2,84	1,42	1,70		1		8,7
	II	50,50	25,25	40,00	20,00	30,78	15,39	23,50	11,75	17,43	8,71	12,95	6,47	9,25	4,62	6,36	3,18	4,00	2,00	2,37	1,18	1,42				
	III	38,40	19,20	30,41	15,20	23,40	11,70	17,90	8,95	13,26	6,63	9,86	4,93	7,05	3,52	4,85	2,42	3,42	1,71	1,81		1,08				
	IV	28,80	14,40	22,84	11,42	17,59	8,79	13,41	6,70	9,95	4,97	7,40	3,70	5,29	2,64	3,64	1,82	2,28	1,14	1,35						

Forschungsberichte des Wirtschafts- und Verkehrsministeriums Nordrhein-Westfalen

Tabelle 10

Die zulässigen Biegetellerdrehzahlen beim Biegen von Stäben verschiedener Durchmesser und Stahlgruppen im Vergleich zu der gleich 1 gesetzten für das Biegen des stärksten Stabes in Betonstahl I vorgeschriebenen Tellerdrehzahl.

Die Beanspruchung der Maschine bleibt konstant. Die der Berechnung zugrundeliegende Stabzahl je Arbeitsgang ergibt sich nach Abbildung 40 aus arbeitstechnischen Gesichtspunkten.

maximal zulass. Stab-ø d_{mm}	Stahl	30 a	30 b	28 a	28 b	26 a	26 b	24 a	24 b	22 a	22 b	20 a	20 b	18 a	18 b	16 a	16 b	14 a	14 b	12 a	12 b	10 a	10 b	8 a	8 b	Stabzahl nach arbeitstechnischen Gesichtspunkten
30	I	1																								1
28	I	1,15		1																						1,1
	II	1,07																								
26	I	1,28		1,10		1																				1,3
	II	1,14																								
	III																									
24	I	1,44		1,25		1,13		1																		1,5
	II	1,26		1,09																						
	III																									
	IV																									
22	I	1,61		1,39		1,26		1,12		1																1,8
	II	1,35		1,18		1,07																				
	III																									
	IV																									
20	I	1,79		1,54		1,40		1,24		1,10		1														2,2
	II	1,45		1,27		1,15		1,02																		
	III																									
	IV																									
18	I	2,04	1,02	1,76		1,60		1,41		1,27		1,14		1												2,7
	II	1,62		1,41		1,31		1,13		1,01																
	III	1,36		1,18																						
	IV																									

Forschungsberichte des Wirtschafts- und Verkehrsministeriums Nordrhein-Westfalen

Tabelle 10

Die zulässigen Biegetellerdrehzahlen beim Biegen von Stäben verschiedener Durchmesser und Stahlgruppen im Vergleich zu der gleich 1 gesetzten für das Biegen des stärksten Stabes in Betonstahl I vorgeschriebenen Tellerdrehzahl.

Die Beanspruchung der Maschine bleibt konstant. Die der Berechnung zugrundeliegende Stabzahl je Arbeitsgang ergibt sich nach Abbildung 40 aus arbeitstechnischen Gesichtspunkten.

max. zuläss. Stab-ø dmm	Stahl I	30 a	30 b	28 a	28 b	26 a	26 b	24 a	24 b	22 a	22 b	20 a	20 b	18 a	18 b	16 a	16 b	14 a	14 b	12 a	12 b	10 a	10 b	8 a	8 b	Stabzahl nach arbeitstechnischen Gesichtspunkten
16	I	2,36	1,18	2,03	1,01	1,84		1,62		1,46		1,31		1,15		1										3,4
	II	1,80		1,57		1,42		1,25		1,12		1,02														
	III	1,26		1,10		1,00																				
	IV																									
14	I	2,89	1,45	2,50	1,25	2,27	1,13	2,00	1,00	1,78		1,62		1,42		1,23		1								4,4
	II	2,10	1,05	1,83		1,66		1,47		1,31		1,19		1,04												
	III	1,25		1,30		1,18		1,05																		
	IV	1,07																								
12	I	3,83	1,91	3,30	1,65	3,01	1,50	2,66	1,33	2,36	1,18	2,14	1,07	1,88		1,63		1,32		1						5,6
	II	2,67	1,34	2,34	1,17	2,12	1,06	1,87		1,66		1,51		1,32		1,15										
	III	1,90		1,65		1,50		1,32		1,18		1,07														
	IV	1,39		1,22		1,10																				
10	I	5,03	2,52	4,35	2,17	3,94	1,97	3,48	1,74	3,10	1,55	2,82	1,41	2,47	1,23	2,14	1,07	1,73		1,32		1				7,1
	II	3,74	1,87	3,24	1,62	2,94	1,47	2,60	1,30	2,32	1,16	2,10	1,05	1,84		1,60		1,30								
	III	2,82	1,41	2,45	1,23	2,22	1,11	1,96		1,75		1,59		1,39		1,21										
	IV	2,03	1,01	1,77		1,61		1,42		1,26		1,14		1,00												
8	I	6,98	3,49	6,04	3,02	5,31	2,65	4,84	2,42	4,31	2,15	3,91	1,95	3,43	1,71	2,97	1,48	2,42	1,21	1,83		1,39		1		8,7
	II	5,81	2,90	5,05	2,53	4,59	2,29	4,04	2,02	3,60	1,80	3,28	1,64	2,87	1,43	2,48	1,24	2,02	1,01	1,53		1,16				
	III	4,41	2,20	3,85	1,93	3,50	1,75	3,09	1,55	2,74	1,37	2,50	1,25	2,19	1,10	1,89		1,73		1,16						
	IV	3,39	1,65	2,90	1,45	2,62	1,31	2,31	1,15	2,06	1,03	1,87		1,64		1,42		1,15								

(Fortsetzung)

mehreren (2 oder 3) mit verschiedenen Drehzahlen laufenden Biegetellern ausgestattet. Dünne Stäbe können somit in kurzer Zeit mit einem schnelllaufenden Teller gebogen werden, während der langsam laufende Teller noch stärkere Stäbe bearbeiten kann. Peddinghaus liefert seine Maschinen nur mit einem Teller, erreicht aber das Gleiche durch eine kontinuierliche Verstellbarkeit der Tellerdrehzahl (vergl. Abb. 2 und 4).

An die Biegemaschine schließen sich beiderseits gleich hohe, um das Vorziehen der Stäbe zu erleichtern, mit Rollen versehene, etwa 12 m lange Tische (Meßtisch und Biegetisch) an. Die geschnittenen Stäbe lagern in höchstens 10 m Abstand vom Meßtisch. Die fertig gebogenen Stäbe werden ca. 10 m vom Biegetisch entfernt abgelegt.

Zur Bedienung der Anlage sind 3 oder 4 Arbeiter erforderlich, von denen einer die Stäbe anreicht, der zweite die Maschine bedient, der dritte und evtl. der vierte die gebogenen Stäbe annimmt und ablegt. Die Verrichtungen der einzelnen Arbeiter gehen vielfach ineinander über und lassen sich nicht genau trennen. Sie werden unter 2.12 für die verschiedenen Stabformen noch genauer festgelegt.

2.12 Die Arbeitsausführung

Bei der Vielgestaltigkeit der Stabformen und der zur Herstellung eines Stabes erforderlichen Vielzahl von Arbeitsgängen und Einzelverrichtungen wirkt sich die bei der Ausführung hierfür gewählte Reihenfolge sehr stark auf den Gesamtzeitaufwand aus. Daher muß zuerst für die Herstellung jeder untersuchten Stabform als Voraussetzung für weitere Zeitstudien die zweckmäßigste Arbeitsgangfolge ermittelt werden. Die Ergebnisse hierzu angestellter Arbeitsstudien sind für die Grundzeiten in Tabelle 11 (siehe Seite 87) zusammengestellt. Daraus geht hervor, daß jeweils die Stabformen zu deren Herstellung gleichviel Arbeitsgänge erforderlich sind, die gleiche "Formziffer" tragen. Die Unterschiede in der Zeit bei der Herstellung der Variationen a, b und c sind tatsächlich so minimal, daß für alle Formen gleicher Ziffer bei der Auswertung jeweils nur ein Wert gesetzt werden darf. Dadurch tritt eine große Vereinfachung ein, denn für 12 verschiedene Formen erscheinen später nur 7 verschiedene Werte. In manchen Fällen ist bei Umstellung der Reihenfolge der Einzelverrichtungen ein gleiches oder gar günstigeres Ergebnis zu erwarten, so z.B. bei Stäben der Form 5 a, wenn $(a_1 + b + c) \ll (b + a_2)$ ist. Hier kann man die Arbeitsgänge 11 und 12 (= 2.Aufbiegung unten) zwischen die Arbeitsgänge 6 und 7

Form 4a		b>f Ausgeführt durch Arbeiter				Form 4b		b<f Ausgeführt durch Arbeiter				Form 5a		b>f Ausgeführt durch Arbeiter				Form 5t		b<f Ausgeführt durch Arbeiter				Form 6		b>f Ausgeführt durch Arbeiter				Form 7		b>f Ausgeführt durch Arbeiter			
Verrichtung		1	2	3	1	2	3	4	Verrichtung		1	2	3	1	2	3	4	Verrichtung		1	2	3	1	2	3	4	Verrichtung		1	2	3	1	2	3	4
Biegetellerrücklauf	x				x				Biegetellerrücklauf	x				x				Biegetellerrücklauf	x				x				Biegetellerrücklauf	x				x			
Widerlagerbolzen umstecken	x				x				Widerlagerbolzen umstecken	x				x				Widerlagerbolzen umstecken	x				x				Widerlagerbolzen umstecken	x				x			
Stäbe vom Meßtisch vorziehen	x x				x x				Stäbe vom Meßtisch vorziehen	x x				x x				Stäbe vom Meßtisch vorziehen	x x				x x				Stäbe vom Meßtisch vorziehen	x x				x x			
Stäbe des vorigen Arbeitsspieles ablegen			x x				x x		Stäbe des vorigen Arbeitsspieles ablegen			x x				x x		Stäbe des vorigen Arbeitsspieles ablegen			x x				x x		Stäbe des vorigen Arbeitsspieles ablegen			x x				x x	
Ersten Haken biegen	x				x				Ersten Haken biegen	x				x				Ersten Haken biegen	x				x				Ersten Haken biegen	x				x			
Stäbe halten	x				x				Stäbe halten	x				x				Stäbe halten	x				x				Stäbe halten	x				x			
Stäbe ablegen (wie 1)			x				x		Stäbe ablegen (wie 1)			x				x		Stäbe ablegen (wie 1)			x				x		Stäbe ablegen (wie 1)			x				x	
Biegetellerrücklauf	x				x				Biegetellerrücklauf	x				x				Biegetellerrücklauf	x				x				Biegetellerrücklauf	x				x			
Stäbe vorziehen	x x x				x x x				Stäbe vorziehen	x x x				x x x				Stäbe vorziehen	x x x				x x x				Stäbe vorziehen	x x x				x x x			
Ecke biegen	x				Erste Aufbiegung biegen	x				Erste Aufbiegung oben biegen	x				Erste Ecke biegen	x				Ecke biegen	x				Erste Ecke biegen	x			
Stäbe halten	x				Stäbe halten	x				Stäbe halten	x				Stäbe halten	x				Stäbe halten	x				Stäbe halten	x			
Biegetellerrücklauf	x				Biegetellerrücklauf	x				Biegetellerrücklauf	x				Biegetellerrücklauf	x				Biegetellerrücklauf	x				Biegetellerrücklauf	x			
Stäbe vorziehen	x x				Stäbe vorziehen und drehen	x x				Stäbe vorziehen und drehen	x x				Stäbe vorziehen	x x				Stäbe vorziehen	x x				Stäbe vorziehen	x x			
Aufbiegung oben biegen	x				Zweite Aufbiegung biegen	x				Erste Aufbiegung unten biegen	x				Erste Aufbiegung oben biegen	x				Erste Aufbiegung oben biegen	x				Erste Aufbiegung oben biegen	x			
Stäbe halten	x				Stäbe halten	x				Stäbe halten	x				Stäbe halten	x				Stäbe halten	x				Stäbe halten	x			
Biegetellerrücklauf	x				Biegetellerrücklauf	x				Biegetellerrücklauf	x				Biegetellerrücklauf	x				Biegetellerrücklauf	x				Biegetellerrücklauf	x			
Stäbe vorziehen und drehen	x x x				Stäbe vorziehen	x x x				Widerlagerbolzen umstecken	x x x				Stäbe vorziehen und drehen	x x x				Stäbe vorziehen und drehen	x x x				Stäbe vorziehen und drehen	x x x			

	Biegetellerrücklauf				Biegetellerrücklauf				Biegetellerrücklauf				Biegetellerrücklauf				Biegetellerrücklauf			
	Widerlagerbolzen umstecken	x	x x x	x	Stäbe zurückschieben	x	x x x x	x	Biegetellerrücklauf	x	x x x	x	Widerlagerbolzen umstecken	x	x x x x	x	Biegetellerrücklauf	x	x x x	x
	Stäbe vorziehen	x x x x				x x x x	x	Stäbe zurückschieben	x	x x x x		Stäbe vorziehen und drehen	x x x x	x x x x	x x	Stäbe zurückschieben	x	x x x x	x
	Zweiten Haken biegen	x	x		Ecke biegen	x	x		Zweite Aufbiegung oben biegen	x	x		Zweiten Haken biegen	x	x		Biegetellerrücklauf	x	x x x	x x
	Stäbe halten	x	x x		Stäbe halten	x x	x x		Stäbe halten	x	x x		Stäbe halten	x	x x		Stäbe zurückschieben	x	x x x	x x
10	Stäbe für folgendes Arbeitsspiel richten	x	x						Biegetellerrücklauf	x	x x x	x	Biegetellerrücklauf	x	x x x	x	Zweite Ecke biegen	x	x	
									Stäbe zurückschieben und drehen	x x x x	x x x x	x x	Stäbe zurückschieben	x	x x x x	x	Stäbe halten	x	x x	
11									Zweite Aufbiegung unten biegen	x	x		Zweite Ecke biegen	x	x		Biegetellerrücklauf	x	x x x	x x
									Stäbe halten	x	x x		Stäbe halten	x	x x		Stäbe zurückschieben	x	x x x	x
12									Stäbe für folgendes Arbeitsspiel richten	x	x		Stäbe für folgendes Arbeitsspiel richten	x			Zweite Aufbiegung oben biegen	x	x	
																	Stäbe halten		x x	
13																	Biegetellerrücklauf		x x x	x x
																	Stäbe zurückschieben und drehen		x x x x	x
14																	Zweite Aufbiegung unten biegen		x	
																	Stäbe halten		x x	
15																	Stäbe für folgendes Arbeitsspiel richten	x		
16																				

Arbeitsgang	Form 1					Form 2a					Form 2b b<f					Form 3a					Form 3b b<f a₁ a₂					Form 3c b>f				
	Verrichtung	\multicolumn{4}{c	}{Ausgeführt durch Arbeiter}	Verrichtung	\multicolumn{4}{c	}{Ausgeführt durch Arbeiter}	Verrichtung	\multicolumn{4}{c	}{Ausgeführt durch Arbeiter}	Verrichtung	\multicolumn{4}{c	}{Ausgeführt durch Arbeiter}	Verrichtung	\multicolumn{4}{c	}{Ausgeführt durch Arbeiter}	Verrichtung	\multicolumn{4}{c	}{Ausgeführt durch Arbeiter}
		1	2	3	4		1	2	3	4		1	2	3	4		1	2	3	4		1	2	3	4		1	2	3	4
1	Stäbe vom Meßtisch zum Biegeteller vorziehen	x	x			Biegetellerrücklauf	x			x	Biegetellerrücklauf	x			x	Biegetellerrücklauf	x			x	Biegetellerrücklauf	x			x	Biegetellerrücklauf	x			x
	Stäbe des vorigen Arbeitsspieles ablegen		x	x		Widerlagerbolzen umstecken		x	x		Widerlagerbolzen umstecken		x	x		Widerlagerbolzen umstecken		x	x		Widerlagerbolzen umstecken		x	x		Widerlagerbolzen umstecken		x	x	
						Stäbe vom Meßtisch vorziehen	x	x			Stäbe vom Meßtisch vorziehen	x	x			Stäbe vom Meßtisch vorziehen	x	x			Stäbe vorziehen und drehen	x	x	x	x	Stäbe vom Meßtisch vorziehen	x	x		
					x	Stäbe des vorigen Arbeitsspieles ablegen			x	x	Stäbe des vorigen Arbeitsspieles ablegen			x	x	Stäbe des vorigen Arbeitsspieles ablegen			x	x						Stäbe des vorigen Arbeitsspieles ablegen			x	x
	Ersten Haken biegen	x			x	Ersten Haken biegen	x			x	Ersten Haken biegen	x			x	Ersten Haken biegen	x			x	Ersten Haken biegen	x			x	Ersten Haken biegen	x			x
	Stäbe halten		x	x		Stäbe halten		x	x		Stäbe halten	x				Stäbe halten		x	x		Stäbe halten		x	x		Stäbe halten		x	x	
2	Stäbe ablegen (wie 1)			x	x	Stäbe ablegen (wie 1)			x	x	Stäbe ablegen (wie 1)	x	x	x	x	Stäbe ablegen (wie 1)			x	x	Stäbe ablegen (wie 1)			x	x	Stäbe ablegen (wie 1)			x	x
	Stäbe vorziehen und drehen	x	x	x	x	Biegetellerrücklauf	x			x	Biegetellerrücklauf	x			x	Biegetellerrücklauf	x			x	Biegetellerrücklauf	x			x	Biegetellerrücklauf	x			x
						Stäbe vorziehen		x	x		Stäbe vorziehen und drehen	x	x	x	x	Stäbe vorziehen		x	x		Stäbe vorziehen und drehen	x	x	x	x	Stäbe vorziehen		x	x	
3	Zweiten Haken biegen	x			x	Ecke biegen	x			x	Aufbiegung biegen	x			x	Erste Ecke biegen	x			x	Erste Aufbiegung biegen	x			x	Aufbiegung oben biegen	x			x
	Stäbe halten		x	x		Stäbe halten		x	x		Stäbe halten	x	x			Stäbe halten		x	x		Stäbe halten		x	x		Stäbe halten		x	x	
4	Stäbe für folgendes Arbeitsspiel richten	x																												
5						Biegetellerrücklauf	x			x	Biegetellerrücklauf	x			x	Biegetellerrücklauf	x			x	Biegetellerrücklauf	x			x	Biegetellerrücklauf	x			x
						Widerlagerbolzen umstecken		x	x		Widerlagerbolzen umstecken		x	x		Widerlagerbolzen umstecken		x	x		Stäbe vorziehen und drehen	x	x	x	x	Widerlagerbolzen umstecken		x	x	
						Stäbe vorziehen	x	x	x	x	Stäbe vorziehen	x	x	x	x	Stäbe vorziehen	x	x	x	x						Stäbe vorziehen	x	x	x	x
6						Zweiten Haken biegen	x			x	Zweiten Haken biegen	x			x	Zweiten Haken biegen	x			x	Zweite Aufbiegung biegen	x			x	Aufbiegung unten biegen	x			x
						Stäbe halten		x	x		Stäbe halten		x	x		Stäbe halten		x	x		Stäbe halten		x	x		Stäbe halten		x	x	
						Stäbe für folgendes Arbeitsspiel richten	x				Stäbe zurückschieben				x															
7											Biegetellerrücklauf	x			x	Biegetellerrücklauf	x			x	Biegetellerrücklauf	x			x	Biegetellerrücklauf	x			x
											Stäbe vorziehen		x								Widerlagerbolzen umstecken		x	x		Widerlagerbolzen umstecken		x	x	
																					Stäbe vorziehen	x	x	x	x	Stäbe vorziehen	x	x	x	x

	9	10	11	12	13	14	15	16

Tabelle 11

Gliederung der Arbeitsverrichtungen bei verschiedenen Stabformen

einschieben. Der Teil des Stabes, der dann hauptsächlich bewegt werden muß, ist handlicher und leichter zu halten als der lange Schenkel (a_2+b), der bei Einhaltung der Arbeitsgangfolge nach der Tabelle 11 bewegt werden müßte. Da solche Möglichkeiten weiterer Arbeitsvereinfachung nur für selten vorkommende Teillängenverhältnisse gegeben sind, die Reihenfolge der Tabelle 11 aber ständig brauchbar ist, soll hierauf - der besseren Übersichtlichkeit der ohnehin komplizierten und zahlreichen Arbeitskombinationen wegen - nicht weiter eingegangen werden.

Zu den den Arbeitsgängen der Tabelle 11 entsprechenden Grundzeiten kommen je Serie Rüstzeiten für das Messen und Aufzeichnen abhängig von der Stabform, und für das Herantragen der Stäbe zum Meßtisch abhängig von dem Gewicht der Serie, dem Stabdurchmesser und der Stablänge, hinzu. Die Variationsmöglichkeiten dieser Verrichtungen sind unbedeutend, so daß die Festlegung eines Norm-Arbeitsganges nicht erforderlich ist.

2.2 Die Zeitstudien, Aufnahme und Auswertung

2.21 Die Durchführung der Zeitaufnahmen

Die Arbeitszeiten wurden durch Zeitstudien nach den Regeln des Refa ermittelt. Gemäß Tabelle 11 wurden die einzelnen Arbeitsspiele in Arbeitsgänge zerlegt und bei der Aufnahme die Zeiten für jeden Arbeitsgang getrennt gestoppt. Eine weitere Unterteilung der Arbeitsgänge in Einzelverrichtungen wäre nicht mehr zu erfassen gewesen, da die Zeiten hierfür zu klein geworden wären, und diese Einzelverrichtungen, besonders da es sich um eine Gruppenarbeit handelt, zu sehr ineinander übergehen, so daß keine eindeutigen Meßpunkte hätten festgelegt werden können.

Die gewählte Unterteilung gliedert in Hand- und Maschinenzeiten; sie ist weitgehend genug, da sie die Darstellung der Abhängigkeiten von den verschiedenen zeitbeeinflussenden Faktoren gestattet. Inwieweit die einzelnen Arbeiter ausgelastet sind, ist nicht direkt zu erkennen, allerdings kann schon hier gesagt werden, daß 3 Arbeiter meistens, dagegen 4 Arbeiter nur bei komplizierten und unhandlichen Stäben voll beschäftigt sind. Für die Zeitaufnahmen wurden die in der Anlage 2 dargestellten Formulare verwendet. Insgesamt wurden ca. 2oo verschiedene Stäbe (verschiedene Stabform, Länge, Durchmesser, Stahlsorte) durch jeweils 2o und mehr Einzelmessungen untersucht. Auf eine Anzahl weiterer Stäbe konnte durch Synthese der gemessenen Einzelzeiten geschlossen werden. Die errechneten

Mittelwerte wurden in Tabellen nach Anlage 3, die in ihrer Gesamtheit für die weitere Auswertung einen Überblick aller Meßwerte geben, zusammengestellt. Für jeweils die gleichen Arbeitsgänge betrugen die Abweichungen von den Zeitmittelwerten maximal 40 %.

2.22 Die Auswertung und die Ergebnisse der Zeitaufnahmen

Hinsichtlich des Einflusses der <u>Stahlsorte</u> auf die Herstellungszeit macht sich lediglich die rauhere Oberfläche der Profilstähle und das Zurückfedern harter Stähle nach Lösen der Biegespannung unangenehm bemerkbar (vergl.Abb.42). Allerdings sind diese Einflüsse von nicht meßbarer Größe und liegen praktisch im Bereich der normalen Streuungen, so daß ihr Einfluß vernachlässigt werden darf.

Die folgenden Ergebnisse gelten also, soweit nicht die allgemein übliche Stabzahl je Arbeitsgang durch zu geringe Maschinenleistung bei härteren Stäben eingeschränkt werden muß, für <u>alle</u> Stahlsorten. Auf die Zahl der gleichzeitig gebogenen Stäbe wird später eingegangen.

Aus dem verfügbaren Zahlenmaterial wurden nun zuerst die Zeiten für die einzelnen Arbeitsgänge herausgearbeitet und diese dann später wieder zu einem geschlossenen Ganzen zusammengesetzt.

Der <u>Arbeitsgang</u> 1 (Einlegen der Stäbe) ist für alle Stabformen gleich (vergl.Tab.11) und nur abhängig von der Stablänge und dem Stabdurchmesser. Die Zeitwerte für diesen Arbeitsgang sind unter Verwendung der Werte aller Stabformen in der Abbildung 39 für verschiedene Stabdurchmesser und 3 oder 4 Arbeiter in Abhängigkeit von der Stablänge aufgetragen. (In den Bereichen l > 8 bis 10 m liegen nur wenige Messungen vor.) Die Differenzen zwischen ungefähr gleichen Stabdurchmessern sind bei der sachbedingten großen Streuung der Meßwerte und dem verhältnismäßig geringen Einfluß des Stabdurchmessers kaum wahrnehmbar. Daher wurden Kurven für die 3 Durchmessergruppen 8 - 14, 16 - 22 und 24 - 30 mm konstruiert. Sie verlaufen im Bereich kleiner Längen geradlinig, um dann von ca. 6 m an aufwärts nur noch wenig zuzunehmen. Dieses hat seinen Grund darin, daß gewisse Teilverrichtungen gar nicht oder nur untergeordnet mit der Stablänge wachsen (z.B. Vorschublänge, Herausnehmen der Stäbe). Dagegen ruft steigendes Gewicht, dessen Einfluß bei gut laufenden Transportrollen auch noch stark gemindert ist, und vor allem größere Unhandlichkeit einen Zeitzuwachs hervor.

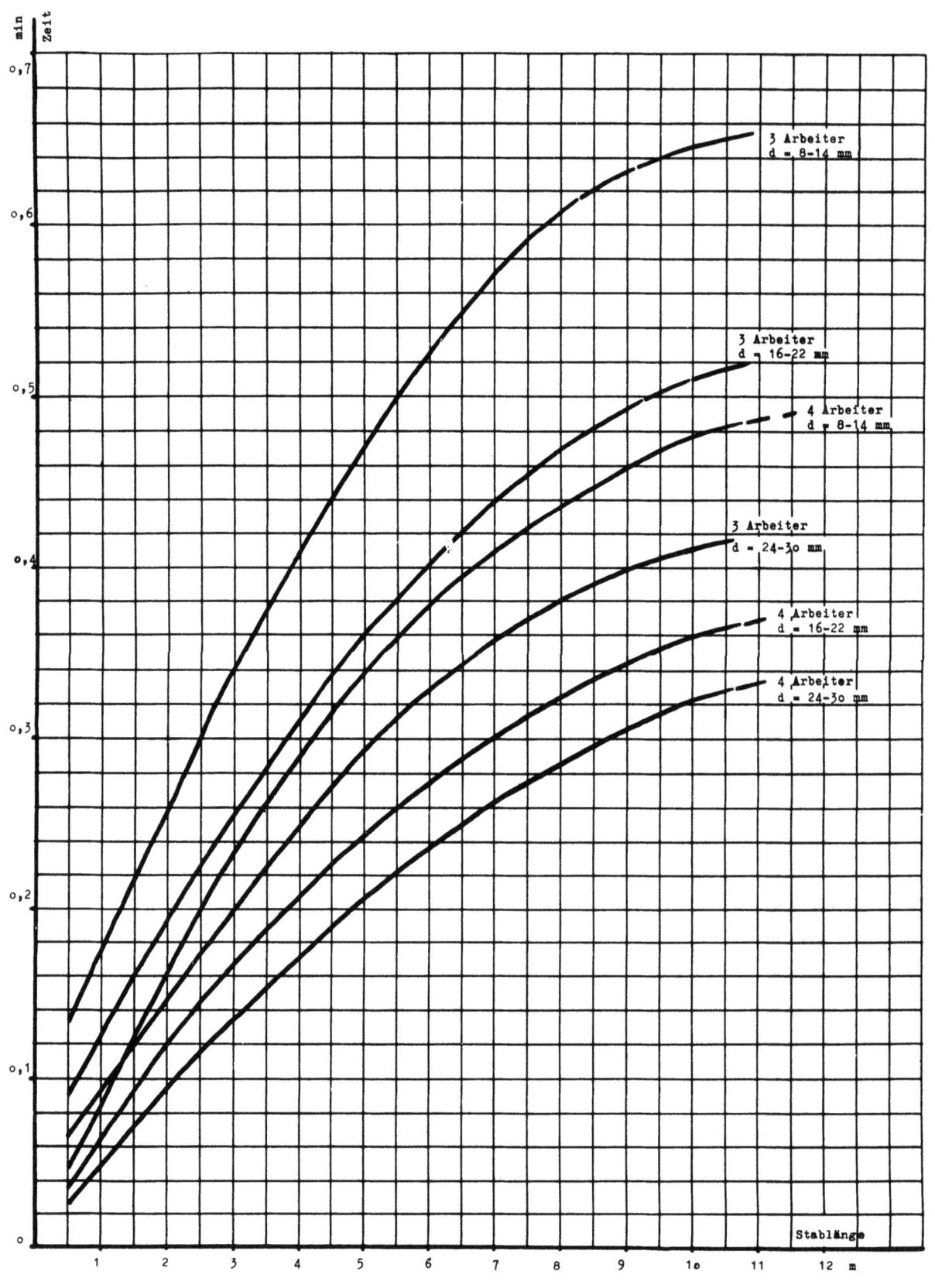

Abbildung 39

Zeiten für das Einlegen der Stäbe (Arbeitsgang 1) in Abhängigkeit von der Stablänge bei verschiedenen Stabdurchmessern und Arbeiterzahlen

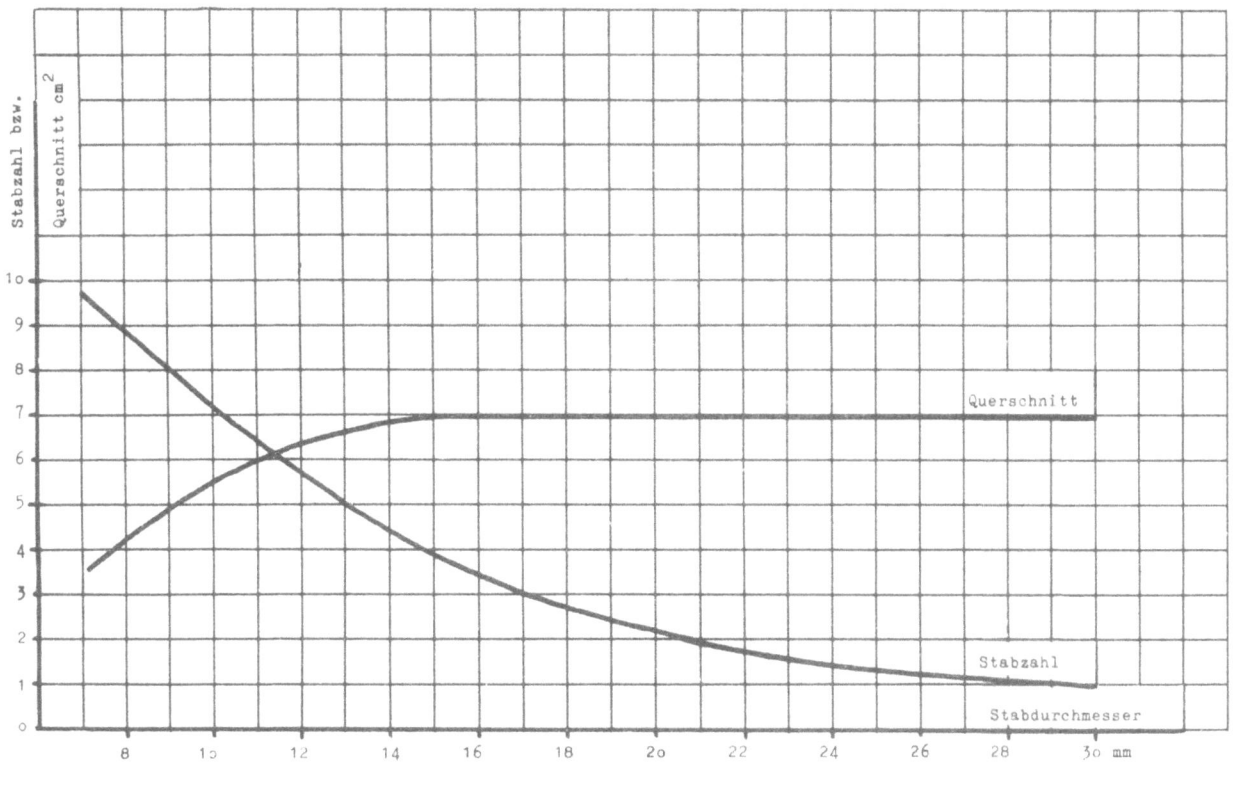

Abbildung 40

Zahl der gleichzeitig in einem Arbeitsgang gebogenen Stäbe

Wie sehr die Handlichkeit von Einfluß ist, sieht man auch daraus, daß bei kleinen Durchmessern, bei denen mehrere Stäbe gleichzeitig gebogen werden (vergl. Abb. 40) mehr Zeit aufzuwenden ist als bei starken Stäben. Je mehr Stäbe gleichzeitig gegriffen und eingelegt werden müssen, umso größer ist - da dünne Stäbe nie so geordnet und glatt auf dem Meßtisch liegen wie dicke - hierfür der Zeitaufwand, auch wenn diese vielen dünnen Stäbe nicht mehr oder gar weniger Querschnitt und Gewicht aufweisen als wenige starke Stäbe.

Die Zahl der in der Praxis gleichzeitig gebogenen Stäbe und deren Querschnitt geht aus der Abbildung 40 hervor. Der Querschnitt steigt bis zum Stabdurchmesser von 14 mm an und bleibt für stärkere Stäbe konstant. Die Leistungsfähigkeit einer Biegemaschine ist danach bei dünnen Stäben nicht voll ausgenutzt, es sei denn, der Leistungsausgleich wird durch erhöhte Biegegeschwindigkeit erreicht (vergl. unter 1.35). Bei harten Stählen kann es vorkommen, daß die oben angegebene, aus rein arbeitstechnischen Gesichtspunkten gewählte Stabzahl die zulässige Leistung der Biegemaschine überschreiten würde; in diesen Fällen gelten die Kurven der Abbildung 40 nicht mehr. Aus der Gegenüberstellung: Stabzahl je Arbeitsgang -

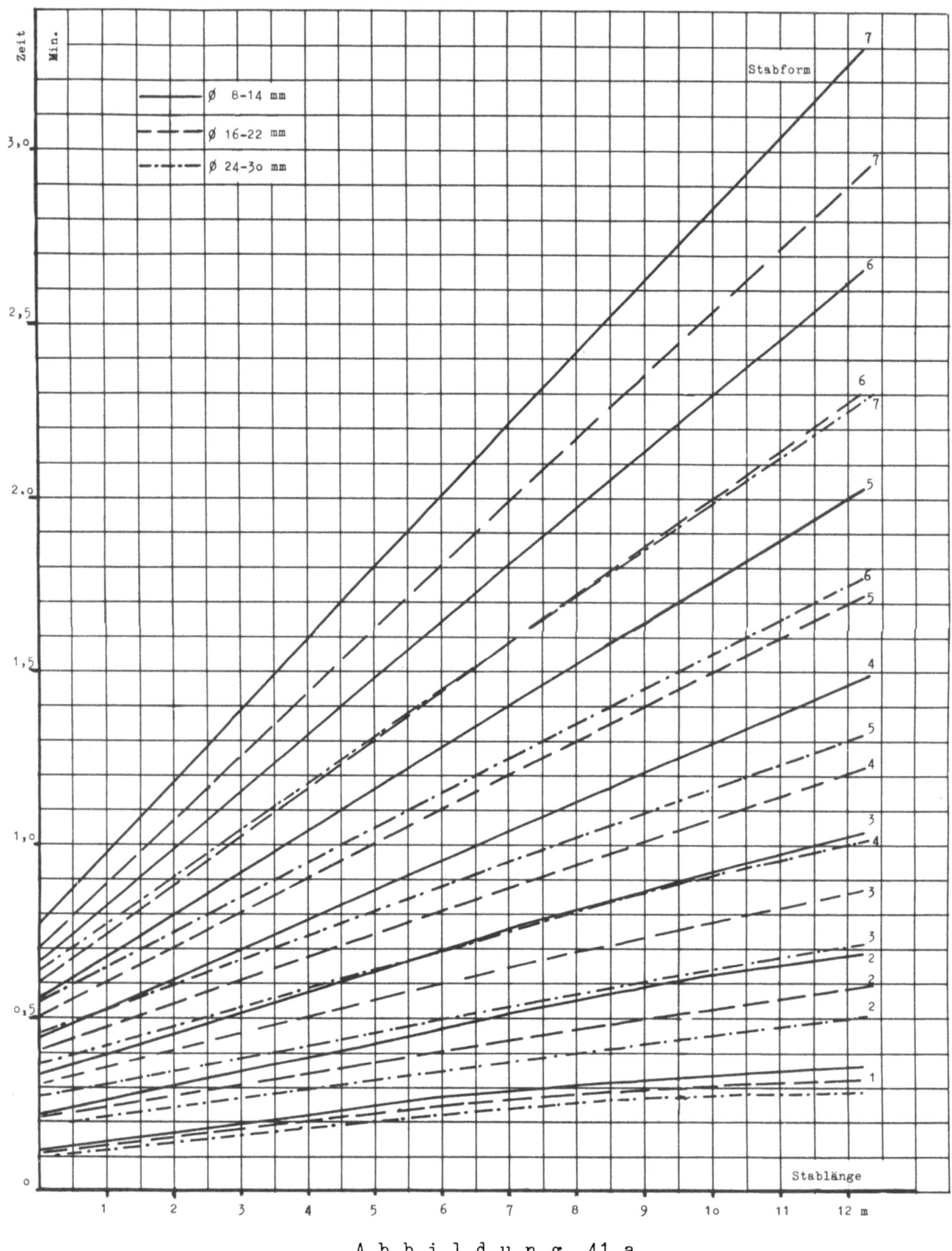

Abbildung 41a

Summe der Handzeiten (außer Arbeitsgang 1) in Abhängigkeit von der Stablänge und Stabform für verschiedene Stabdurchmesser

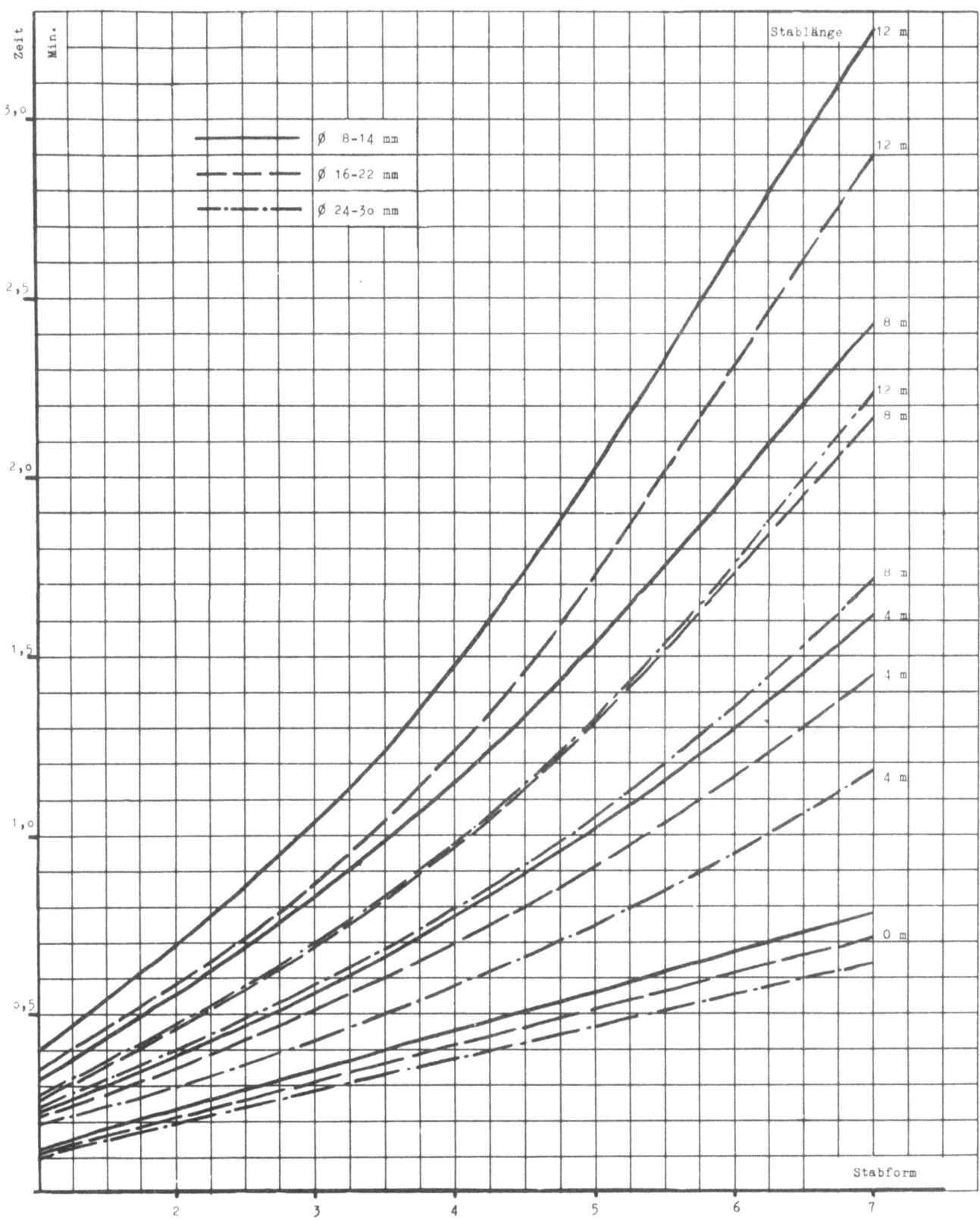

Abbildung 41 b

Summe der Handzeiten (außer Arbeitsgang 1) in Abhängigkeit von der Stablänge und Stabform für verschiedene Stabdurchmesser

Leistung der Maschine in der Tabelle 9 ist ersichtlich, für welche Fälle diese Einschränkung zutrifft.

Die übrigen Handzeiten, die Arbeitsgänge 3, 5, 7, 9, 11, 13 und 15 sind in Abhängigkeit der einzelnen Faktoren nur schwer darzustellen. Es müßten nämlich außer dem Stabdurchmesser, der Stablänge und der Stabform die verschiedensten Längenverhältnisse bei der gleichen Form und Gesamtlänge mit berücksichtigt werden, wodurch die ohnehin zahlreichen Variablen noch vermehrt würden. Um diese Schwierigkeit zu umgehen, wurden daher alle Handzeiten außer der für Arbeitsgang 1 zusammengefaßt, und ihre Summe in Abhängigkeit vom Stabdurchmesser, der Stabform und der Stablänge aufgetragen. Da in der Praxis nicht das Verhältnis der Teillängen sondern nur die Gesamtlänge eine Rolle spielt, kann man so verfahren. Die Mehrzeit z.B. beim Vorschieben einer großen Teillänge wird nämlich durch den Zeitgewinn beim Vorschieben der bei gleicher Gesamtlänge zugehörigen kurzen Teillänge ausgeglichen. Die in Abbildung 41 a aufgetragenen Kurven zeigen, daß die Zeiten für die Formen 1, 2 und 3 leicht gekrümmt, die der übrigen Formen linear mit der Stablänge wachsen. Der Einfluß des Durchmessers ist unbedeutend; auch hier wurden Kurven für die Durchmessergruppen 8 - 14, 16 - 22 und 24 - 30 mm gewählt. Ausschlaggebend ist wegen der verschiedenen Arbeitsgangzahl die Stabform, wobei minimale Unterschiede zwischen deren Variationen (a, b, c; siehe 2.12) vernachlässigt werden.

Die Zahl der Arbeiter ist ohne Einfluß, da bei 4 Arbeitern sich einer hauptsächlich mit dem Zureichen der Stäbe zur Biegemaschine befaßt und somit nur den Arbeitsgang 1 verkürzt.

Eine andere Darstellung der gleichen Werte (Zeiten über der Stabform aufgetragen, Abb. 41 b) zeigt einen parabolischen Zuwachs mit der Stabform bzw. mit der Zahl der zur Herstellung dieser Form erforderlichen Arbeitsgänge. Man ersieht daraus, daß nicht nur die Zahl der Arbeitsgänge ausschlaggebend ist, sondern auch, daß vielfach gebogene Stäbe schnell unhandlich werden und viel Zeit erfordern.

Die Maschinenzeiten (die Arbeitsgänge 2, 4, 6, 8, 10, 12, 14) werden durch die Biegegeschwindigkeit und die Zahl der Biegestellen (also die Stabform) bestimmt. Jeder Stab erhält 2 Haken von 180° und je nach der Stabform mehr oder weniger, rechnungsmäßig alle mit 90° eingesetzte Aufbiegungen. Dadurch wird bei Aufbiegestellen von nur 45° oder 60° zu ungünstig gerechnet; die hierdurch erzielte Vereinfachung ist aber beträchtlich, und die Summe der Maschinenzeiten ergibt sich somit zu

$$t_{masch} = \frac{1}{w}\left(\frac{2 \times 180}{360} + (m-1)\frac{90}{360}\right) + 0{,}01 + \frac{(m-1)}{w}\frac{1}{8}$$

Dabei ist:

w = Biegetellerdrehzahl

m = Stabformziffer

$\frac{1}{w}$ = Zeitdauer einer Umdrehung des Biegetellers

$\frac{2 \times 180}{360}$ = Zahl der Biegetellerumdrehungen für die Biegung von 2 Haken à 180°

$(m-1)\frac{90}{360}$ = Zahl der Biegetellerumdrehungen für die Biegung von $(m-1)$ Aufbiegungen

$0{,}01$ = Zeitzuschlag für 2 Haken

$\frac{m-1}{w} \times \frac{1}{8}$ = Zeitzuschlag für $(m-1)$ Aufbiegungen

(Es kommt häufig vor, daß durch Zurückfedern der Stäbe nach Lösen der Biegekräfte und Herausnehmen der Stäbe aus der Maschine die eingestellten Biegewinkel nicht genau eingehalten werden, so daß kurz nachgebogen werden muß. Zur Berücksichtigung dieser Zeiten werden die auf dem Biegeplatz in ihrer Größe bestimmten Zuschläge eingesetzt).

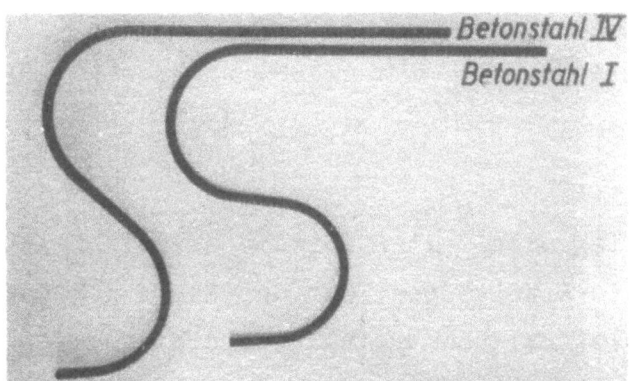

A b b i l d u n g 42
Verschiedenes Zurückfedern bei unter gleichen Bedingungen gebogenen Stäben

Die Gleichung, eine Gerade, ist für die beiden üblichen Biegegeschwindigkeiten der Futura-Maschinen in der Abbildung 43 dargestellt.
Bei Peddinghaus-Maschinen, bei denen die Biegegeschwindigkeit kontinuierlich regelbar ist, ergeben sich entsprechende Geradenscharen. Der weiteren

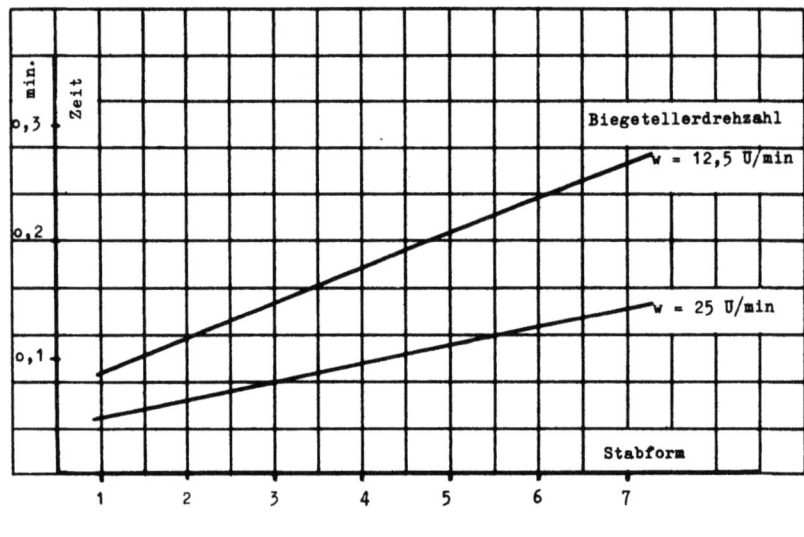

Abbildung 43

Summe der Maschinenzeiten in Abhängigkeit von der Stabform

Auswertung werden die bei Futura-Maschinen gebräuchlichen Biegegeschwindigkeiten (nach Tab. 12) zugrundegelegt.

Tabelle 12

Gebräuchliche Biegetellerdrehzahlen bei Futura-Maschinen

Stabdurchmesser	Form 1	Form 2 - 7
8 - 12 mm	25,0 U/min	12,5 U/min
14 - 22 mm	12,5 "	12,5 "
24 - 30 mm	12,5 "	12,5 "

Aus den somit festliegenden Zeiten für die einzelnen Arbeitsgänge ergibt sich die Zeit für ein Arbeitsspiel aus der Summe der Hand- und Maschinenzeiten (Tab. 13). Als Variable treten hier die Arbeiterzahl, der Stabdurchmesser, die Stablänge und die Stabform auf. Das Ziel der weiteren Arbeit ist es nun, alle diese Variablen so in eine gemeinsame Darstellung zu bringen, daß dabei für jede mögliche Kombination der Zeitbedarf ersichtlich ist. Um hierbei, wie allgemein üblich, vom Stahlgewicht ausgehen zu können, wurde zunächst aus der Abbildung 40 die Abbildung 44 mit der "Zahl der Arbeitsspiele je t Stahl" entwickelt, und hieraus und aus der Tabelle 13 die "Zeiten für das Biegen von 1 t Stahl" berechnet (Tab. 14). Da in der Abbildung 44 die Kurven für die Stabdurchmesser von 14 bis 30 mm zusammenfallen, bleiben - im Gegensatz zu den Durchmessern

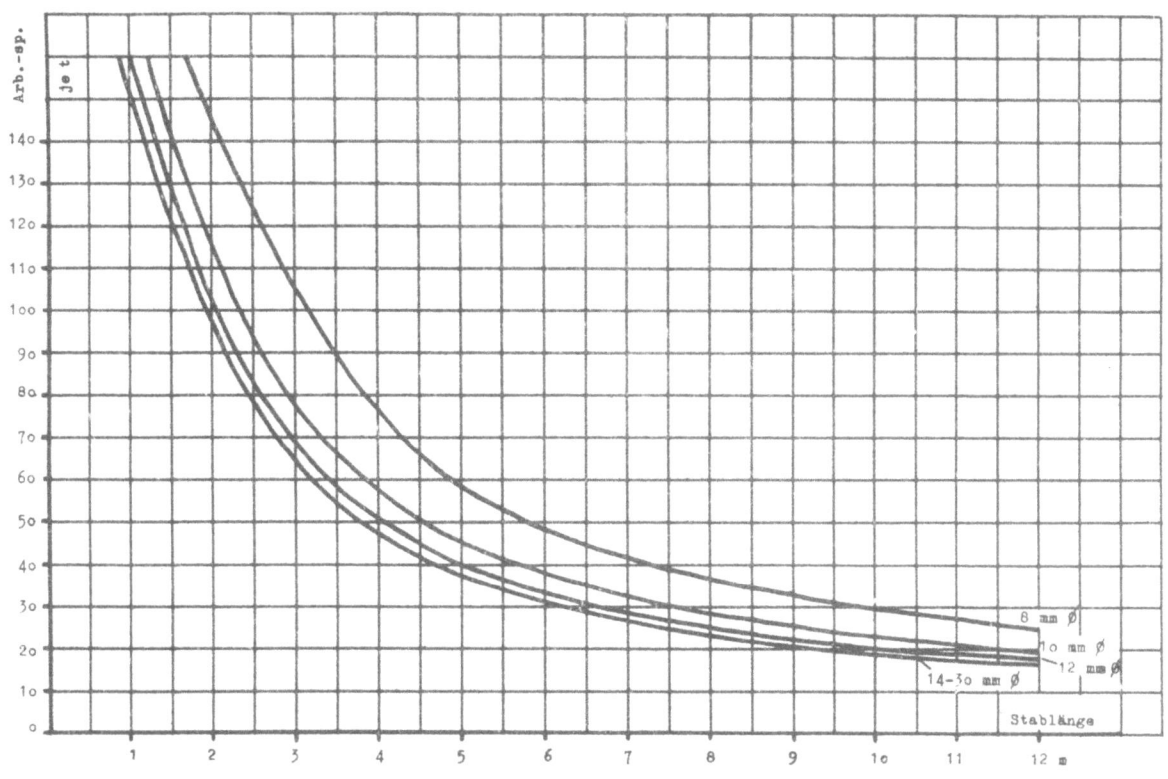

Abbildung 44
Zahl der je t Stahl erforderlichen Arbeitsspiele

8, 1o, 12 und 14 mm - für die Durchmessergruppen 16 - 22 und 24 - 3o mm die gemeinsamen Werte (siehe Abb. 39 und 41) erhalten.

Trägt man nun in einem Diagramm für eine bestimmte Form und Serien von 1 t für verschiedene Stablängen die Zeiten über dem Stabdurchmesser auf, so erhält man z.B. für die Form 7 die Kurvenschar der Abbildung 45. Die gleiche Kurvenschar erscheint in einem schiefwinkligen Koordinatensystem (Neigung der Achse 8 ° 2o ') als Geradenschar. Als ähnliche Geradenscharen, nur im Koordinatensystem verschoben und die Geraden selbst dichter beieinander, erscheinen auch - unter Beibehaltung der Maßstäbe - die Stablängenkurven für die übrigen Stabformen (z.B. Form 4 in Abb. 46). Daher kann man auch die Zusammenhänge für alle Stabformen mit nur einer Geradenschar, von der jede Gerade ihren Längenparameter hat, darstellen, wenn man für jede Stabform den entsprechenden Zeitmaßstab aufträgt. Bei Erweiterung des Diagrammes um einen Quadranten gemäß Abbildung 47 kommt man bei graphischer Umrechnung des Maßstabes durch eine weitere Geradenschar mit nur einem Zeitmaßstab aus.

Forschungsberichte des Wirtschafts- und Verkehrsministeriums Nordrhein-Westfalen

Tabelle 13

Zeiten zur Ausführung eines Arbeitsspieles (in Minuten)

		Stabdurchmesser	8 - 14 mm						16 - 22 mm						24 - 30 mm					
Form		Stablänge (m)	2	4	6	8	10	12	2	4	6	8	10	12	2	4	6	8	10	12
3 Arbeiter	1	Arbeitsgang 1	0,255	0,414	0,530	0,610	0,655	0,680	0,195	0,310	0,400	0,470	0,510	0,535	0,145	0,250	0,330	0,380	0,410	0,430
		" 3	0,170	0,230	0,280	0,320	0,350	0,375	0,155	0,205	0,250	0,290	0,320	0,340	0,140	0,185	0,230	0,270	0,295	0,305
		" 2/4	0,050	0,050	0,050	0,050	0,050	0,050	0,090	0,090	0,090	0,090	0,090	0,090	0,090	0,090	0,090	0,090	0,090	0,090
		Summe	0,475	0,694	0,860	0,980	1,055	1,105	0,440	0,605	0,740	0,850	0,920	0,965	0,375	0,525	0,650	0,740	0,795	0,825
	2	Arbeitsgang 1	0,255	0,414	0,530	0,610	0,655	0,680	0,195	0,310	0,400	0,470	0,510	0,535	0,145	0,250	0,330	0,380	0,410	0,430
		" 3/5	0,300	0,380	0,470	0,560	0,625	0,685	0,270	0,340	0,410	0,470	0,540	0,590	0,235	0,290	0,350	0,405	0,460	0,510
		" 2/4/6	0,120	0,120	0,120	0,120	0,120	0,120	0,120	0,120	0,120	0,120	0,120	0,120	0,120	0,120	0,120	0,120	0,120	0,120
		Summe	0,675	0,914	1,120	1,290	1,400	1,485	0,580	0,770	0,930	1,060	1,170	1,245	0,500	0,660	0,800	0,905	0,990	1,060
	3	Arbeitsgang 1	0,255	0,414	0,530	0,610	0,655	0,680	0,195	0,310	0,400	0,470	0,510	0,535	0,145	0,250	0,330	0,380	0,410	0,430
		" 3/5/7	0,450	0,570	0,695	0,820	0,915	1,020	0,400	0,500	0,595	0,690	0,780	0,855	0,345	0,420	0,500	0,575	0,655	0,720
		" 2/4/6/8	0,150	0,150	0,150	0,150	0,150	0,150	0,150	0,150	0,150	0,150	0,150	0,150	0,150	0,150	0,150	0,150	0,150	0,150
		Summe	0,855	1,134	1,375	1,580	1,720	1,850	0,745	0,960	1,145	1,310	1,440	1,540	0,640	0,820	0,980	1,105	1,215	1,300
	4	Arbeitsgang 1	0,255	0,414	0,530	0,610	0,655	0,680	0,195	0,310	0,400	0,470	0,510	0,535	0,145	0,250	0,330	0,380	0,410	0,430
		" 3/5/7/9	0,610	0,780	0,950	1,120	1,295	1,465	0,535	0,670	0,805	0,940	1,070	1,205	0,470	0,585	0,700	0,815	0,915	1,000
		" 2/4/6/8/10	0,180	0,180	0,180	0,180	0,180	0,180	0,180	0,180	0,180	0,180	0,180	0,180	0,180	0,180	0,180	0,180	0,180	0,180
		Summe	1,045	1,374	1,660	1,910	2,130	2,325	0,910	1,160	1,385	1,590	1,760	1,920	0,795	1,015	1,210	1,375	1,505	1,610
	5	Arbeitsgang 1	0,255	0,414	0,530	0,610	0,655	0,680	0,195	0,310	0,400	0,470	0,510	0,535	0,145	0,250	0,330	0,380	0,410	0,430
		" 3/5/7/9/11	0,790	1,030	1,280	1,540	1,760	2,000	0,700	0,895	1,095	1,295	1,495	1,700	0,590	0,730	0,875	1,020	1,165	1,300
		" 2/4/6/8/10/12	0,210	0,210	0,210	0,210	0,210	0,210	0,210	0,210	0,210	0,210	0,210	0,210	0,210	0,210	0,210	0,210	0,210	0,210
		Summe	1,255	1,654	2,020	2,360	2,625	2,890	1,105	1,415	1,705	1,975	2,215	2,445	0,945	1,190	1,415	1,610	1,785	1,940
	6	Arbeitsgang 1	0,255	0,414	0,530	0,610	0,655	0,680	0,195	0,310	0,400	0,470	0,510	0,535	0,145	0,250	0,330	0,380	0,410	0,430
		" 3/5/7/9/11/13	0,985	1,310	1,640	1,970	2,300	2,625	0,880	1,160	1,440	1,725	2,000	2,280	0,740	0,940	1,145	1,350	1,550	1,750
		" 2/4/6/8/10/12/14	0,240	0,240	0,240	0,240	0,240	0,240	0,240	0,240	0,240	0,240	0,240	0,240	0,240	0,240	0,240	0,240	0,240	0,240
		Summe	1,480	1,964	2,410	2,820	3,195	3,545	1,315	1,710	2,080	2,435	2,750	3,055	1,125	1,430	1,715	1,970	2,200	2,420
	7	Arbeitsgang 1	0,255	0,414	0,530	0,610	0,655	0,680	0,195	0,310	0,400	0,470	0,510	0,535	0,145	0,250	0,330	0,380	0,410	0,430
		" 3/5/7/9/11/13/15	1,190	1,600	2,010	2,425	2,835	3,250	1,070	1,435	1,800	2,165	2,530	2,900	0,900	1,170	1,440	1,715	1,985	2,250
		" 2/4/6/8/10/12/14/16	0,270	0,270	0,270	0,270	0,270	0,270	0,270	0,270	0,270	0,270	0,270	0,270	0,270	0,270	0,270	0,270	0,270	0,270
		Summe	1,705	2,284	2,810	3,305	3,760	4,200	1,535	2,015	2,470	2,905	3,310	3,705	1,315	1,690	2,040	2,365	2,665	2,950

Forschungsberichte des Wirtschafts- und Verkehrsministeriums Nordrhein-Westfalen

T a b e l l e 13

Zeiten zur Ausführung eines Arbeitsspieles (in Minuten)

(Fortsetzung)

Form	Stabdurchmesser Stablänge (m)	8 – 14 mm						16 – 22 mm						24 – 30 mm					
		2	4	6	8	10	12	2	4	6	8	10	12	2	4	6	8	10	12
1	Arbeitsgang 1	0,160	0,290	0,380	0,440	0,480	0,500	0,120	0,210	0,275	0,330	0,365	0,385	0,090	0,175	0,240	0,290	0,325	0,345
	" 3	0,170	0,230	0,280	0,320	0,350	0,375	0,155	0,205	0,250	0,290	0,320	0,340	0,140	0,185	0,230	0,270	0,295	0,305
	" 2/4	0,050	0,050	0,050	0,050	0,050	0,050	0,090	0,090	0,090	0,090	0,090	0,090	0,090	0,090	0,090	0,090	0,090	0,090
	Summe	0,380	0,570	0,710	0,810	0,880	0,925	0,365	0,505	0,615	0,710	0,775	0,815	0,320	0,450	0,560	0,650	0,710	0,740
2	Arbeitsgang 1	0,160	0,290	0,380	0,440	0,480	0,500	0,120	0,210	0,275	0,330	0,365	0,385	0,090	0,175	0,240	0,290	0,325	0,345
	" 3/5	0,300	0,380	0,470	0,560	0,625	0,685	0,270	0,340	0,410	0,470	0,540	0,590	0,235	0,290	0,350	0,405	0,460	0,510
	" 2/4/6	0,120	0,120	0,120	0,120	0,120	0,120	0,120	0,120	0,120	0,120	0,120	0,120	0,120	0,120	0,120	0,120	0,120	0,120
	Summe	0,580	0,790	0,970	1,120	1,225	1,305	0,510	0,670	0,805	0,920	1,025	1,095	0,445	0,585	0,710	0,815	0,905	0,975
3	Arbeitsgang 1	0,160	0,290	0,380	0,440	0,480	0,500	0,120	0,210	0,275	0,330	0,365	0,385	0,090	0,175	0,240	0,290	0,325	0,345
	" 3/5/7	0,450	0,570	0,695	0,820	0,915	1,020	0,400	0,500	0,595	0,690	0,780	0,855	0,345	0,420	0,500	0,575	0,655	0,720
	" 2/4/6/8	0,150	0,150	0,150	0,150	0,150	0,150	0,150	0,150	0,150	0,150	0,150	0,150	0,150	0,150	0,150	0,150	0,150	0,150
	Summe	0,760	1,010	1,225	1,410	1,545	1,670	0,670	0,860	1,020	1,170	1,295	1,390	0,585	0,710	0,890	1,015	1,130	1,215
4	Arbeitsgang 1	0,160	0,290	0,380	0,440	0,480	0,500	0,120	0,210	0,275	0,330	0,365	0,385	0,090	0,175	0,240	0,290	0,325	0,345
	" 3/5/7/9	0,610	0,780	0,950	1,120	1,295	1,465	0,535	0,670	0,805	0,940	1,070	1,205	0,470	0,585	0,700	0,815	0,915	1,000
	" 2/4/6/8/10	0,180	0,180	0,180	0,180	0,180	0,180	0,180	0,180	0,180	0,180	0,180	0,180	0,180	0,180	0,180	0,180	0,180	0,180
	Summe	0,950	1,250	1,510	1,740	1,955	2,145	0,835	1,060	1,260	1,450	1,615	1,770	0,740	0,940	1,120	1,285	1,420	1,525
5	Arbeitsgang 1	0,160	0,290	0,380	0,440	0,480	0,500	0,120	0,210	0,275	0,330	0,365	0,385	0,090	0,175	0,240	0,290	0,325	0,345
	" 3/5/7/9/11	0,790	1,030	1,280	1,540	1,760	2,000	0,700	0,895	1,095	1,295	1,495	1,700	0,590	0,730	0,875	1,020	1,165	1,300
	" 2/4/6/8/10/12	0,210	0,210	0,210	0,210	0,210	0,210	0,210	0,210	0,210	0,210	0,210	0,210	0,210	0,210	0,210	0,210	0,210	0,210
	Summe	1,160	1,530	1,870	2,190	2,450	2,710	1,030	1,315	1,580	1,835	2,070	2,295	0,890	1,115	1,325	1,520	1,700	1,855
6	Arbeitsgang 1	0,160	0,290	0,380	0,440	0,480	0,500	0,120	0,210	0,275	0,330	0,365	0,385	0,090	0,175	0,240	0,290	0,325	0,345
	" 3/5/7/9/11/13	0,985	1,310	1,640	1,970	2,300	2,625	0,880	1,160	1,440	1,725	2,000	2,280	0,740	0,940	1,145	1,350	1,550	1,750
	" 2/4/6/8/10/12/14	0,240	0,240	0,240	0,240	0,240	0,240	0,240	0,240	0,240	0,240	0,240	0,240	0,240	0,240	0,240	0,240	0,240	0,240
	Summe	1,385	1,840	2,260	2,650	3,020	3,365	1,240	1,610	1,955	2,295	2,605	2,905	1,070	1,355	1,625	1,880	2,115	2,335
7	Arbeitsgang 1	0,160	0,290	0,380	0,440	0,480	0,500	0,120	0,210	0,275	0,330	0,365	0,385	0,090	0,175	0,240	0,290	0,325	0,345
	" 3/5/7/9/11/13/15	1,180	1,600	2,010	2,425	2,835	3,250	1,070	1,435	1,800	2,165	2,530	2,900	0,900	1,170	1,440	1,715	1,985	2,250
	" 2/4/6/8/10/12/14/16	0,270	0,270	0,270	0,270	0,270	0,270	0,270	0,270	0,270	0,270	0,270	0,270	0,270	0,270	0,270	0,270	0,270	0,270
	Summe	1,610	2,160	2,660	3,135	3,585	4,020	1,460	1,915	2,345	2,765	3,165	3,555	1,260	1,615	1,950	2,275	2,580	2,865

4 Arbeiter

Tabelle 14
Zeiten (in Minuten) für das Biegen von 1 t Stahl

Form	Stablänge (m)	3 Arbeiter						4 Arbeiter					
		2	4	6	8	1o	12	2	4	6	8	1o	12
1	d = 8 mm	69	53	41	35	·31	27	55	43	34	29	26	22
	1o	54	4o	33	27	24	21	43	32	27	23	2o	18
	12	48	35	28	25	21	19	38	29	23	2o	18	16
	14	44	33	27	23	2o	18	35	27	22	19	17	15
	16 - 22	41	28	23	2o	18	15	34	24	19	16	15	13
	24 - 3o	35	25	2o	17	15	13	3o	21	17	15	13	12
2	8	98	69	54	46	41	36	84	6o	47	4o	36	31
	1o	77	52	43	36	32	28	66	45	37	31	28	25
	12	68	46	37	32	28	25	59	39	32	28	25	22
	14	63	43	35	3o	27	24	54	37	3o	26	23	21
	16 - 22	54	36	29	24	22	2o	47	31	25	21	2o	18
	24 - 3o	47	31	25	21	19	17	41	28	22	19	17	16
3	8	124	86	66	57	5o	44	11o	77	59	51	45	4o
	1o	98	65	52	44	4o	35	87	58	47	39	35	32
	12	86	57	45	4o	34	31	77	51	4o	35	3o	28
	14	8o	53	43	36	33	3o	71	48	38	32	29	27
	16 - 22	69	45	35	3o	27	25	62	4o	32	27	25	22
	24 - 3o	6o	39	3o	25	23	21	54	35	28	23	21	19
4	8	152	1o5	8o	69	62	56	138	95	73	63	57	51
	1o	119	78	63	53	49	44	1o8	71	57	49	45	41
	12	1o6	69	55	48	43	4o	96	63	5o	44	39	36
	14	97	65	51	44	41	37	88	59	47	4o	37	34
	16 - 22	85	55	43	37	33	31	78	4o	39	33	31	28
	24 - 3o	74	47	38	32	29	26	69	44	35	3o	27	24
5	8	182	126	97	85	76	69	168	116	9o	79	71	65
	1o	143	95	77	66	6o	55	132	87	71	61	56	52
	12	127	83	67	59	52	49	117	77	62	55	49	46
	14	117	78	63	54	5o	46	1o8	72	58	5o	47	43
	16 - 22	1o3	67	53	45	42	39	96	62	49	42	4o	37
	24 - 3o	88	56	44	37	34	31	83	52	41	35	32	3o
6	8	215	149	116	1o2	93	85	2o1	14o	1o9	95	88	81
	1o	169	112	92	79	73	67	158	1o5	86	74	7o	64
	12	15o	98	8o	7o	64	59	14o	92	75	66	6o	57
	14	138	92	75	65	61	57	129	82	7o	61	57	54
	16 - 22	122	8o	65	56	52	49	115	76	61	53	5o	47
	24 - 3o	1o5	67	53	45	42	39	1oo	64	5o	43	4o	37
7	8	247	171	135	119	1o9	1o1	233	164	128	113	1o4	96
	1o	195	13o	1o7	93	87	8o	184	123	1o1	88	82	76
	12	172	114	93	83	75	71	163	1o8	88	78	72	68
	14	159	1o8	87	76	71	67	15o	1o2	83	72	68	64
	16 - 22	143	95	77	67	63	59	136	9o	73	64	6o	57
	24 - 3o	122	79	63	54	51	47	117	76	7o	52	49	46

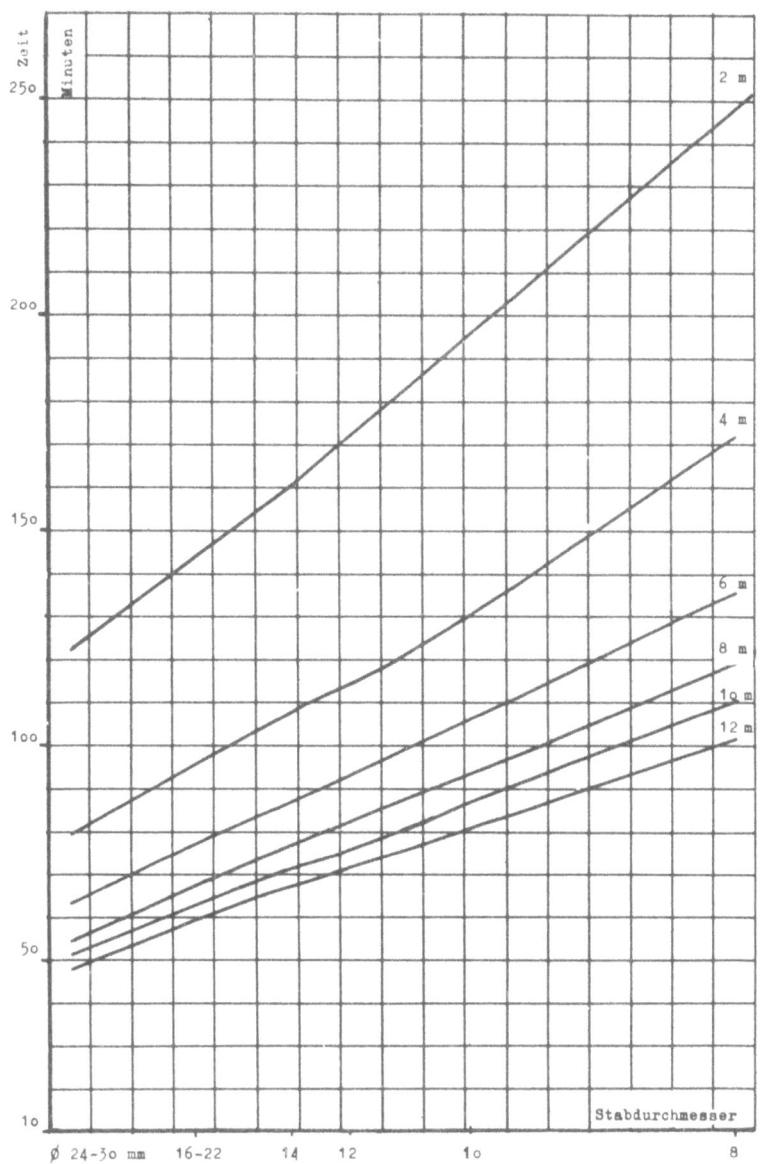

Abbildung 45
Zeiten für das Biegen von 1 t Stahl der Form 7
bei Einsatz von 3 Arbeitern

Durch Ergänzen des dritten Quadranten kann man auf gleiche Weise auch leicht eine Ablesemöglichkeit für andere Seriengewichte schaffen (die Abb. 48 ist gegenüber Abb. 47 um 9o° gedreht und der Durchmessermaßstab soweit verschoben, daß die Längengeraden sich im Koordinaten-Nullpunkt schneiden).

Nachdem nämlich alle bisher dargestellten Abhängigkeiten geradlinig verlaufen, kann man die Multiplikation mit den Seriengewichten wiederum über eine Gerade für jeden Stabdurchmesser durchführen. Diese Geraden verlaufen

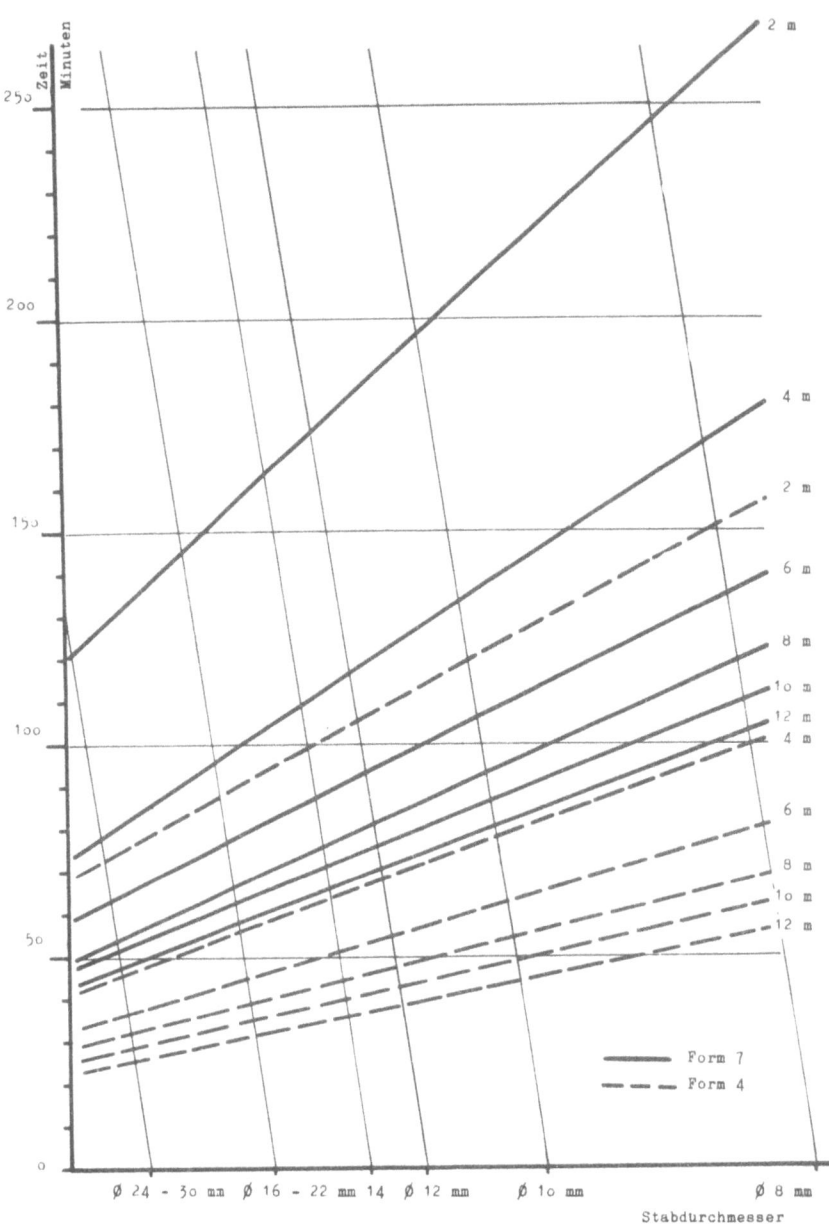

A b b i l d u n g 46
Zeiten für das Biegen von 1 t Stahl bei Einsatz von 3 Arbeitern

vom Koordinaten-Nullpunkt mit einer solchen Steigung, daß sie bei 1 (t), die dem Durchmesser entsprechenden Ordinatenwerte des Ausgangsdiagrammes (Abb. 47) erreichen.

Das so gefundene Nomogramm ermöglicht es also, entsprechend dem in Abbildung 48 als Beispiel rot eingezeichneten Linienzug, ausgehend von dem auf der positiven Abszissenachse aufgetragenen Seriengewicht über die Durchmessergeraden im 1. Quadranten, über die Längengeraden im 2. Quadranten und über die Formgeraden im 3. Quadranten auf der negativen Ordinatenachse den <u>Zeitaufwand</u> (Grundzeit) einer <u>Serie</u> abzulesen.

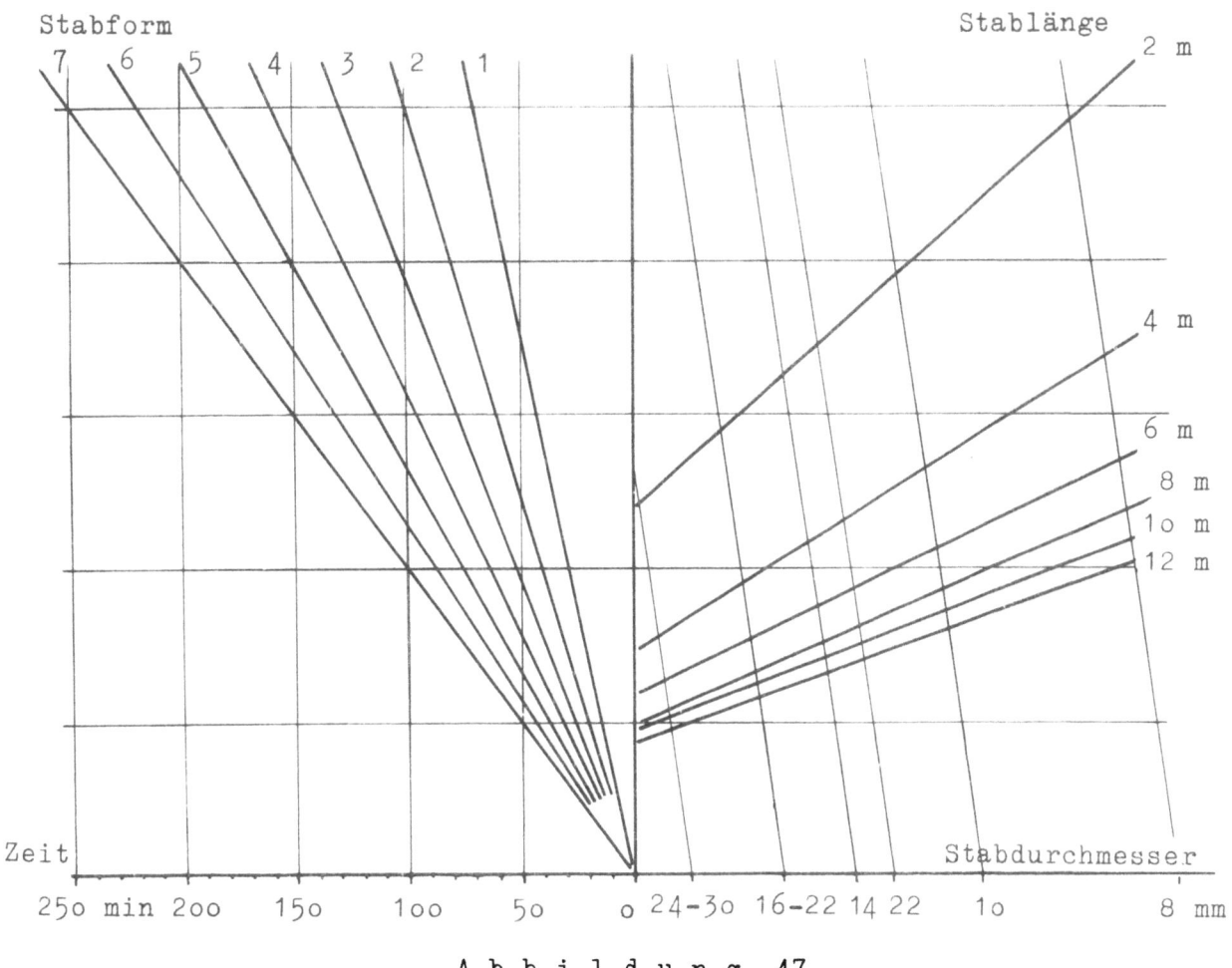

Abbildung 47

Grundzeiten für das Biegen von 1 t Stahl bei Einsatz von 3 Arbeitern

Zu diesen, für die reine Herstellung einer Serie erforderlichen Grundzeiten sind noch die Rüstzeiten für das Herantragen zum Meßtisch und für das Messen und Anzeichnen zu addieren. In die Rüstzeit für das Messen wird die Zeit für das Lesen der Zeichnung, die Mehrzeit für das Biegen des ersten Stabes und das Nachmessen des hergestellten Stabes einbezogen. Alle diese Anteile sind nämlich abhängig von der Stabform.

Diese Zeit nimmt (nach Abb. 49) von Form 1 bis 7 anfangs nur wenig, später, weil der Arbeiter während des Messens öfter Maße der Zeichnung nachsehen muß, da die erste Biegung sorgfältiger durchgeführt werden muß, und da, je komplizierter die Stabform ist, ein umso häufigeres Nachmessen erforderlich wird, schneller zu. Für die Serien, bei denen zum Biegen mit Biegeflügel die Anschlagschiene auf der Maschine angebracht werden muß (Form 2 b, 3 b, 4 b, 5 b, vergl. auch unter 1.1) sind diese Zeiten ca. 5 Minuten zu gering. Zur Vereinfachung des Verfahrens wird dieser Fehler

Forschungsberichte des Wirtschafts- und Verkehrsministeriums Nordrhein-Westfalen

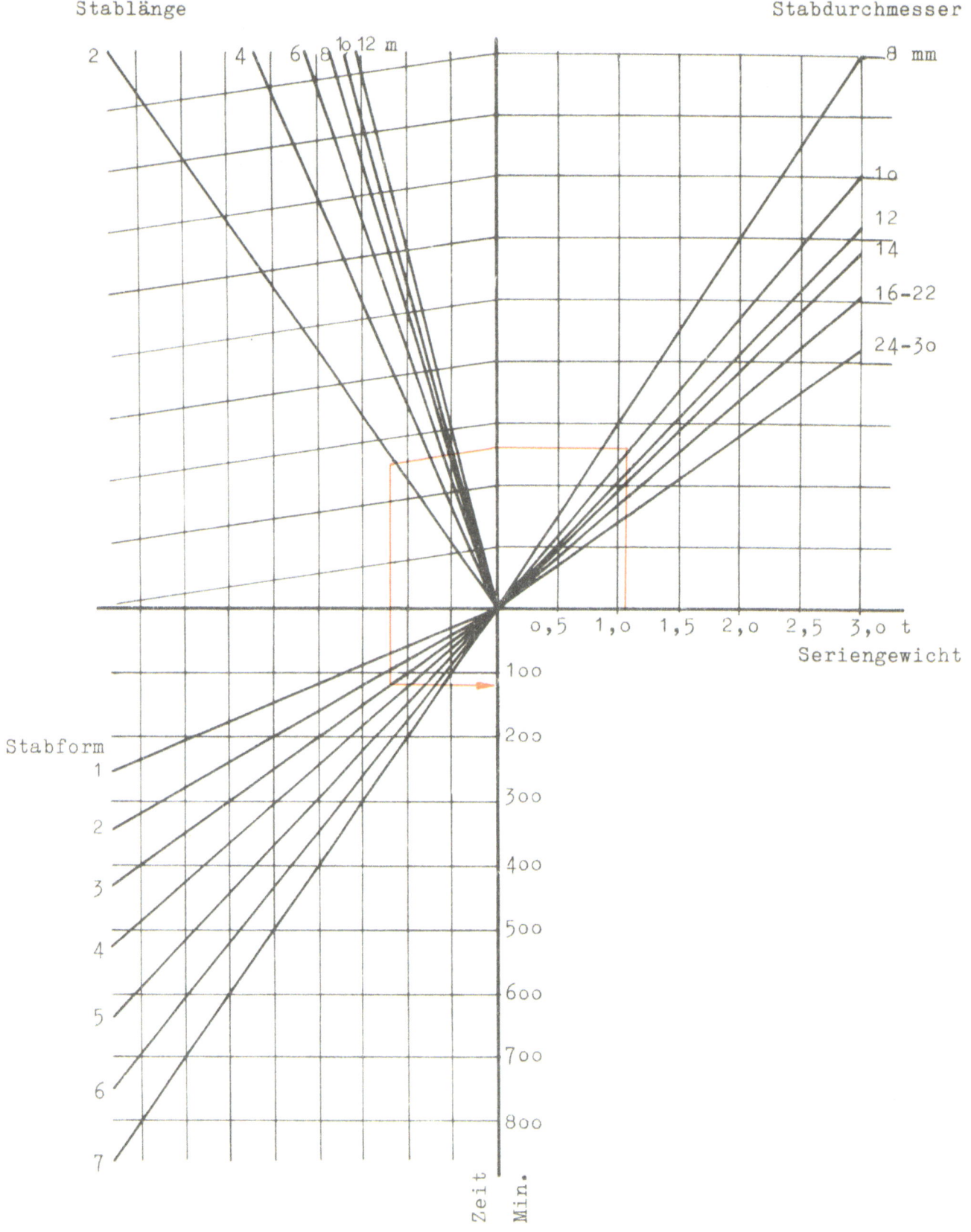

Abbildung 48
Grundzeiten für das Biegen einer Serie bei Einsatz von 3 Arbeitern

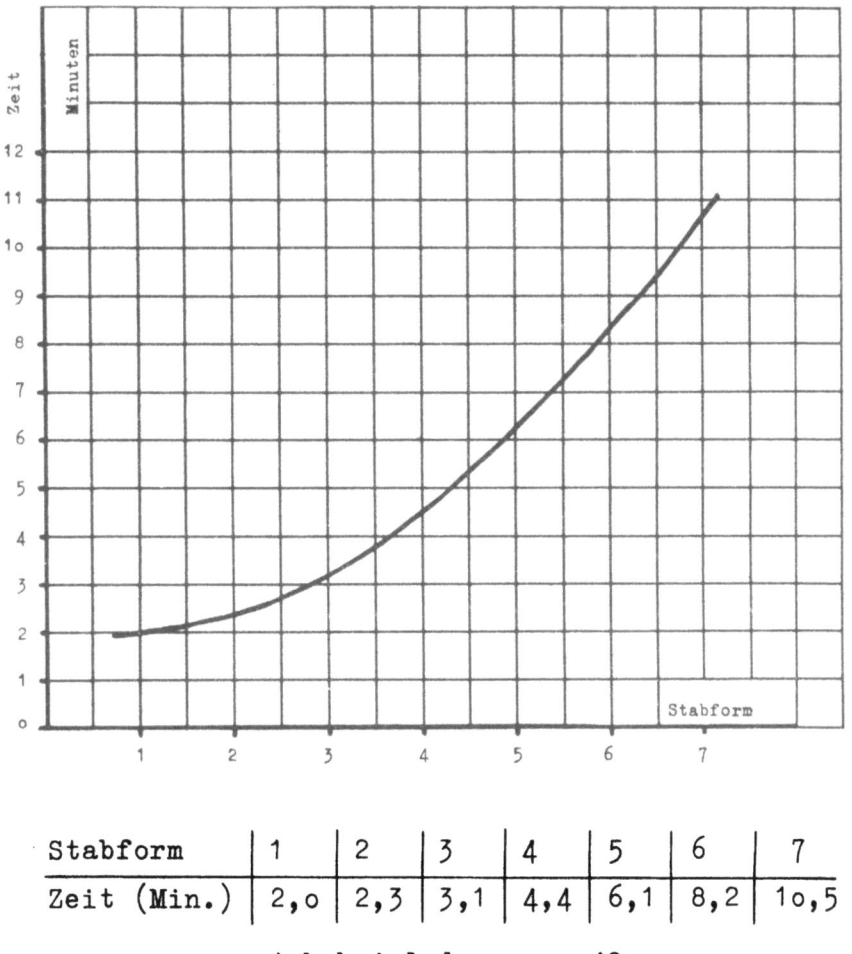

Stabform	1	2	3	4	5	6	7
Zeit (Min.)	2,0	2,3	3,1	4,4	6,1	8,2	10,5

A b b i l d u n g 49

Rüstzeiten für das Messen in Abhängigkeit von der Stabform

in Kauf genommen, da einerseits die zugrundegelegten Werte in den Fällen, in denen hintereinander Serien ähnlicher Formen und Abmessungen (wenn sich z.B. nur 1 Teilmaß ändert) gebogen werden, nicht erreicht werden, dann aber auch die Serien einer Biegeliste, die mit dem Biegeflügel gebogen werden, nacheinander gebogen werden, so daß diese 5 Fehlminuten in einer Biegeliste jeweils nur 1 mal auftreten.

Durch die Rüstzeit für das Messen werden in der Abbildung 48, wenn man den Rüstzeitanteil in dieses Nomogramm hineinarbeiten will, die Geraden des 3. Quadranten um die Größe der Rüstzeit prallel verschoben und es entsteht die Abbildung 50. Gleichzeitig ist in der Abbildung 50 der Zeitmaßstab in Stunden umgerechnet worden.

Als weiterer Arbeitsanteil ist noch das Herantragen der Stäbe zum Meßtisch zu berücksichtigen. Da hierfür nicht immer die Biegekolonne zuständig ist, sollen die Zeiten nicht, wie es bei der Rüstzeit für das Messen

Forschungsberichte des Wirtschafts- und Verkehrsministeriums Nordrhein-Westfalen

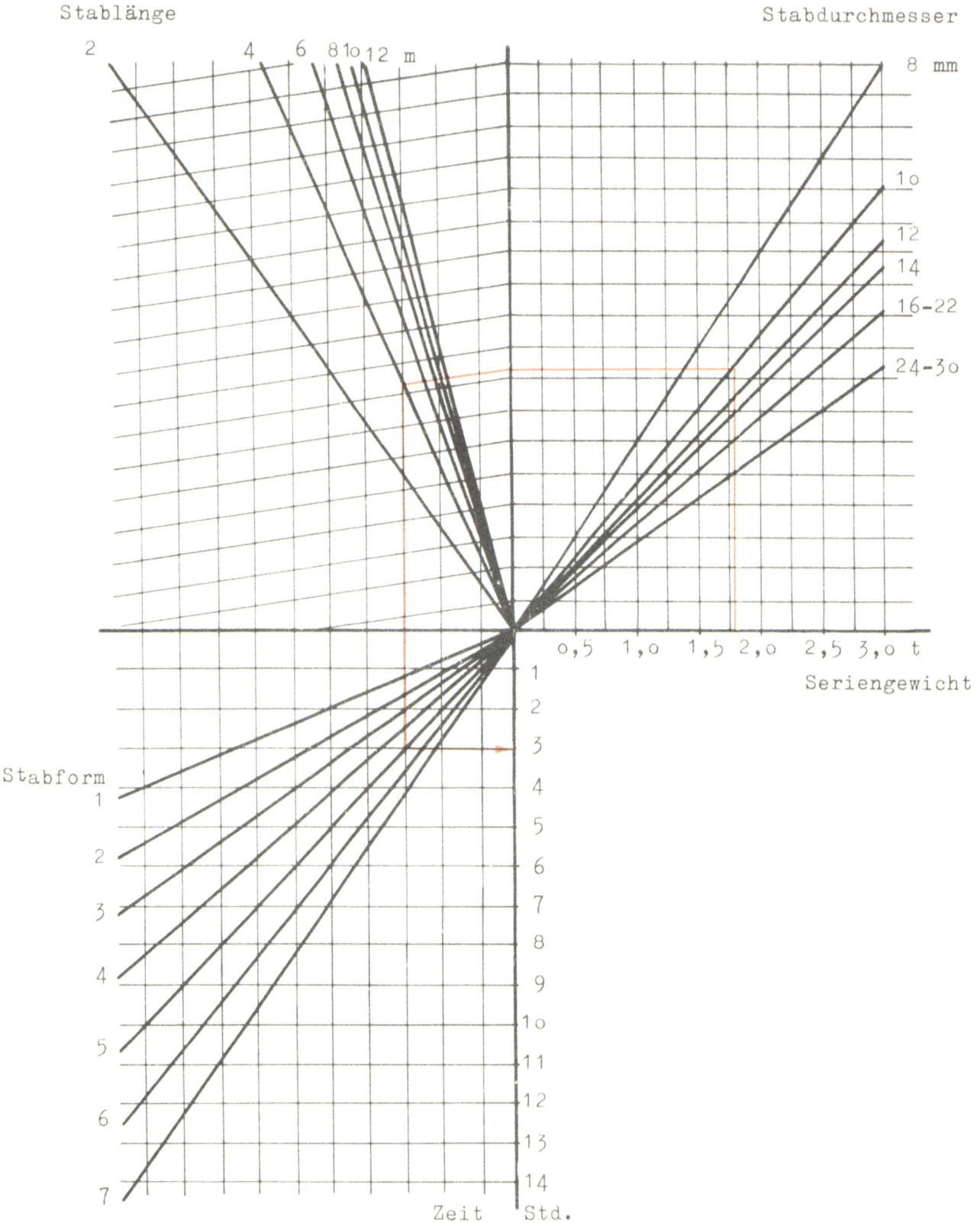

Abbildung 50
Zeitaufwand für das Biegen einer Serie bei Einsatz von 3 Arbeitern

geschehen ist, zu den Grundzeiten hinzugezählt werden, sondern in einem getrennten Diagramm aufgetragen werden.

Beim Transport der Stäbe entfallen auf einen Arbeiter ca. 20 kg Last, d.h. eine Kolonne von 3 Arbeitern trägt 60 kg je Lastweg. Die Arbeit selbst gliedert sich in

1. das Aufnehmen der Last
2. den Lastweg von ca. 10 m
3. das Ablegen der Last
4. den Leerweg von ca. 10 m.

Die Teilzeiten für die Arbeitsverrichtungen 1 und 3 sind von der Stablänge, dem Stabdurchmesser und damit auch von der Zahl der Stäbe bzw. dem Gewicht eines Stabes abhängig. Je schwerer ein Stab ist, desto geringer ist die Zeit für das Aufnehmen und Ablegen der Last. Das Ablegen dauert bei mehr Stäben länger, da die Stäbe auf dem Meßtisch noch geordnet werden.

Die Zeit für das Aufnehmen und Ablegen der Last nimmt nach der Abbildung 51 a mit abnehmendem Stabgewicht zu, so daß die Zeiten in Abhängigkeit von dem Gewicht der Serie durch das Strahlenbündel der Abbildung 51 b dargestellt werden.

Bei leichteren und kürzeren Stäben tragen die Arbeiter die Last nicht mehr gemeinsam, sondern jeder trägt etwa 20 kg für sich. Dadurch steigen die Zeiten trotz schneller Zunahme der Stabzahl im Bereich dünner und kurzer Stäbe nur langsam.

Die Zeiten für einen Last- und Leerweg sind bei gleichbleibender Last konstant und betragen im Mittel

0,20 min für den 10 m Lastweg
0,15 min für den 10 m Leerweg.

In Abhängigkeit vom Gewicht einer Serie ergibt sich daraus der Treppenzug der Abbildung 52, wobei die Stufenzahl jeweils die Zahl der erforderlichen Lastwege angibt.

Die Gesamtrüstzeiten für das Herantragen der Stäbe ergeben sich durch Addition der Kurven der Abbildungen 51 a und 51 b und sind in der Abbildung 53 über dem Seriengewicht aufgetragen. Da in der Praxis das Gewicht von 20 kg je Lastweg und Arbeiter ohnehin nicht genau eingehalten wird,

Forschungsberichte des Wirtschafts- und Verkehrsministeriums Nordrhein-Westfalen

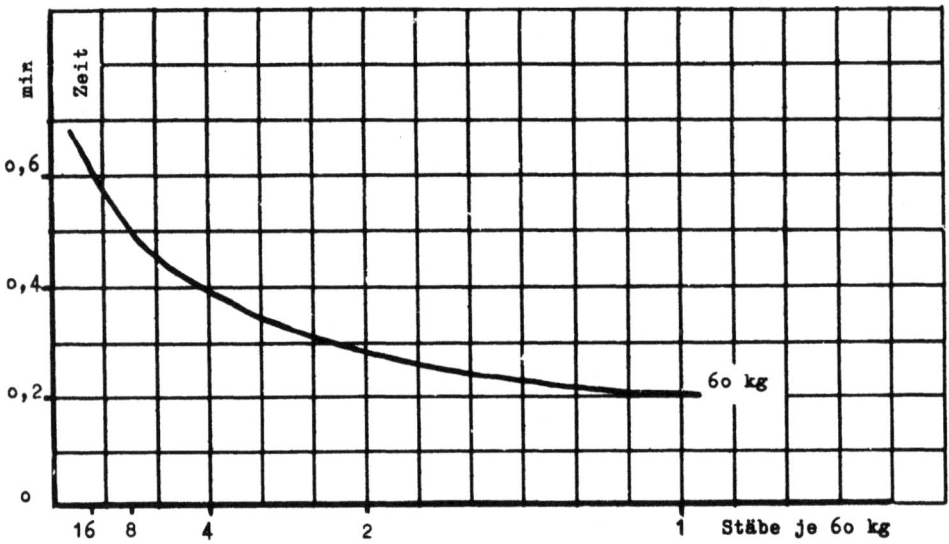

Abbildung 51 a

Zeiten für das Aufnehmen und Absetzen einer Last von 6o kg
in Abhängigkeit von der Stabzahl

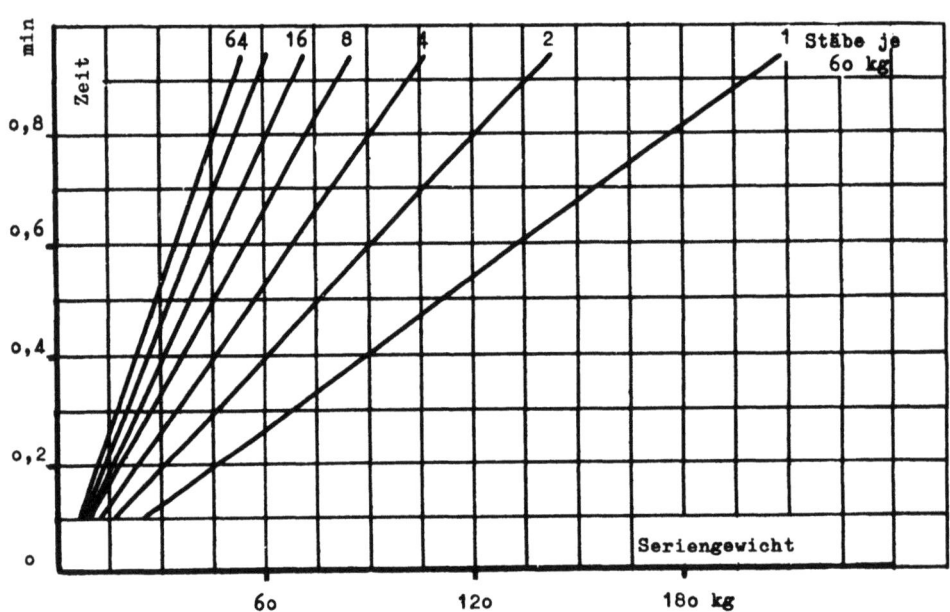

Abbildung 51 b

Zeiten für das Aufnehmen und Absetzen einer Last von 6o kg
in Abhängigkeit vom Seriengewicht

werden zur Erzielung einer größeren Übersichtlichkeit diese Treppenzüge
näherungsweise durch Geraden ersetzt.

Forschungsberichte des Wirtschafts- und Verkehrsministeriums Nordrhein-Westfalen

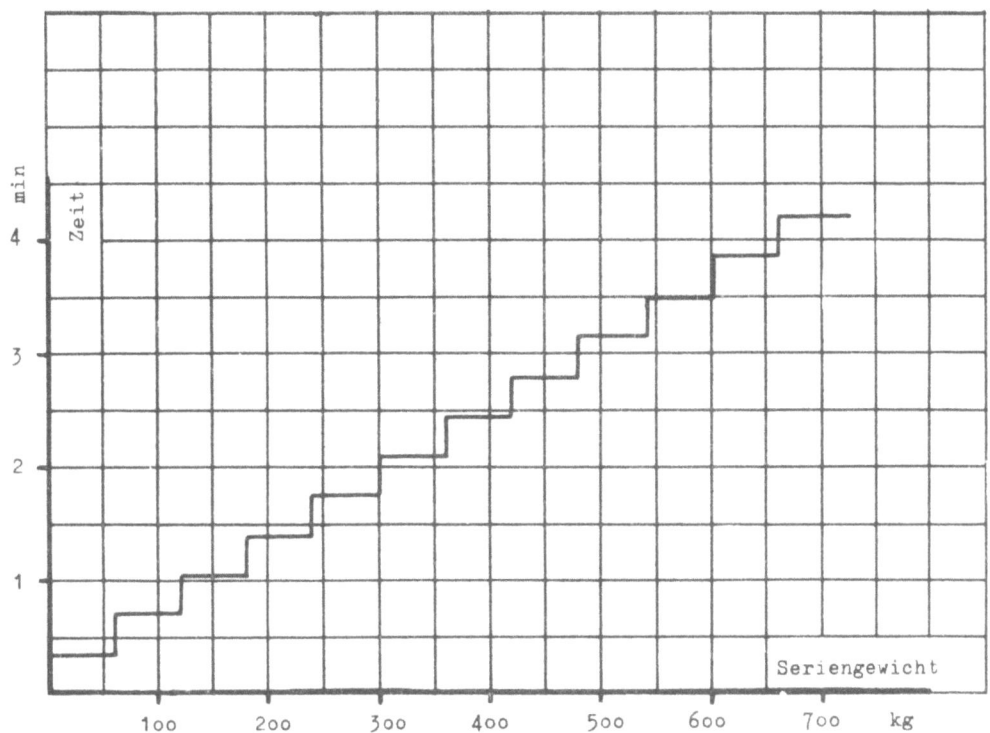

Abbildung 52
Zeiten für den Last- und Leerweg in Abhängigkeit vom Seriengewicht
beim Einsatz von 3 Arbeitern

Schließlich ist für die Pflege und das Reinigen der Geräte und für unvermeidliche Verlustzeiten ein Zeitzuschlag vorzusehen, der je nach Arbeitsbedingungen schwankt. Er wird zweckmäßig für jeden Biegeplatz gesondert nach Bestimmung über eine längere Zeitdauer als Prozentsatz der reinen Arbeitszeit zugeschlagen. Die Größe dieses Zuschlages dürfte nach den vorliegenden, jedoch nicht umfassenden Werten, im allgemeinen zwischen 5 und 1o % liegen.

2.23 Der Vergleich der Ergebnisse mit anderweitig veröffentlichten Leistungswerten

Zum Vergleich wurden in der Tabelle 15 die dem Verfasser nach Abschluß der Versuche zur Verfügung stehenden Werte der Richtwertkartei zur Position "Eisenbiegen" des Institutes für Bauforschung, Hannover, den sich aus dem Nomogramm (Abb. 5o) für gleiche Serien ergebenden Arbeitszeiten gegenübergestellt. Die Abweichungen liegen im Mittel bei 25 %, maximal bei 8o % des Nomogrammwertes. Neben den natürlich bedingten Schwankungen

Forschungsberichte des Wirtschafts- und Verkehrsministeriums Nordrhein-Westfalen

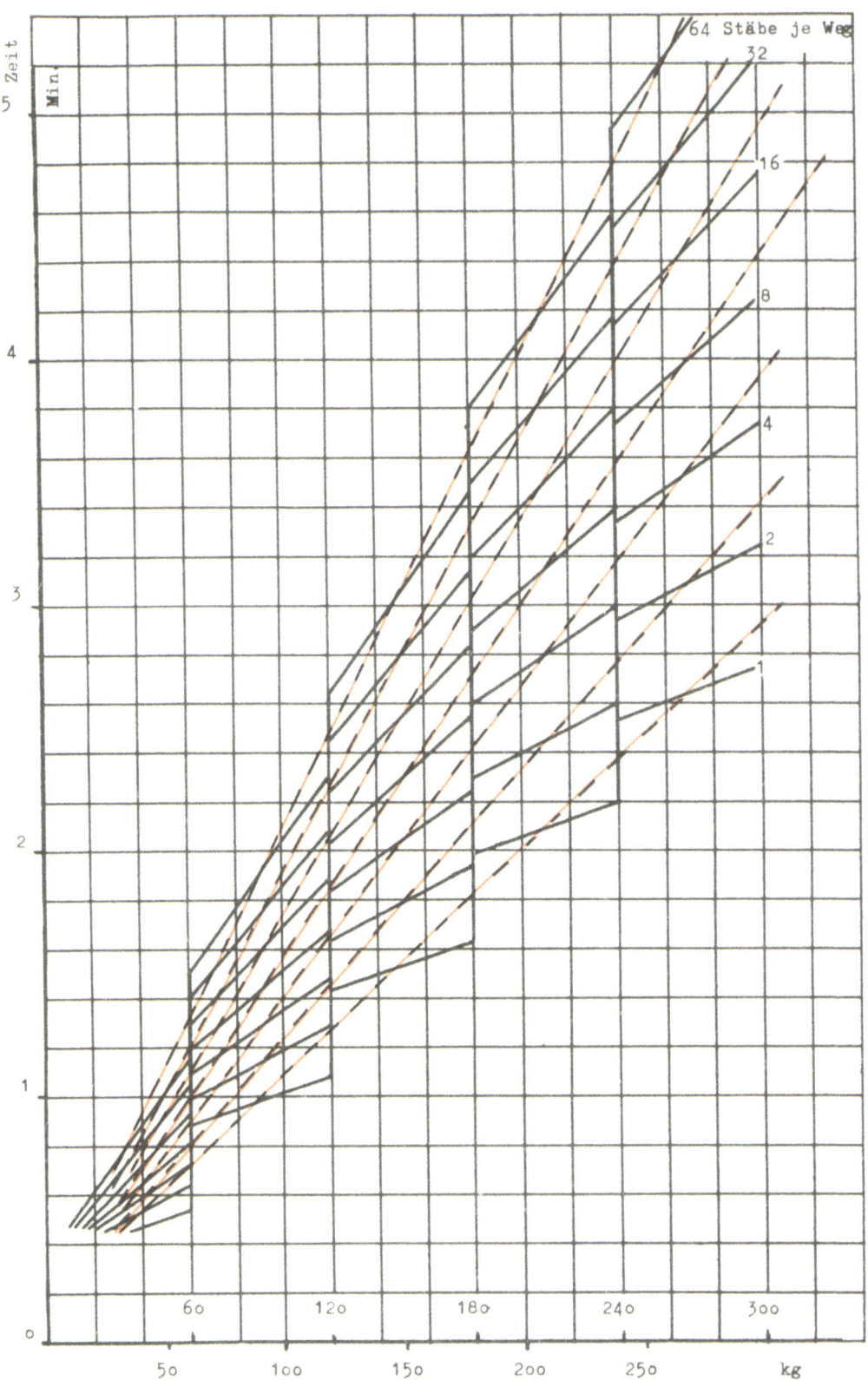

Abbildung 53
Rüstzeiten für das Herantragen einer Serie
in Abhängigkeit vom Seriengewicht

Forschungsberichte des Wirtschafts- und Verkehrsministeriums Nordrhein-Westfalen

Tabelle 15

Gegenüberstellung der Arbeitszeiten beim Biegen von Betonstahl
nach Richtwertkartei und nach Nomogramm Abbildung 50

Karteiblatt Nr.	Richtwertkartei [x]				Zeit für die Biegung von 1 kg min/kg	Zeit für die Biegung von 1 Serie min	Zeit für die Biegung 1 Serie nach Nomogramm min	Abweichung der Werte der Richtkartei von den Nomogrammwerten		Bemerkungen
	Größe der Serie kg	Stab-∅ mm	Stablänge m	Stabform				absol. min	proz. %	
1	2	3	4	5	6	7	8	9	10	11
07 - 0591	180,0	12	8,10	5	0,233	42,0	49,8	- 7,8	15,7	
596	16,0	12	4,50	1	0,125	2,0	2,1	- 0,1	4,8	
597	15,8	16	5,30	1	0,063	1,0	1,8	- 0,8	44,5	
598	245,0	12	5,50	1	0,159	39,0	21,5	+ 17,5	81,4	
599	19,9	12	5,40	5	0,251	5,0	6,15	- 1,15	18,1	
600	19,9	12	5,80	5	0,251	5,0	6,0	- 1,0	16,7	
601	26,3	12	2,70	5	0,456	12,0	10,8	+ 1,2	11,1	
602	41,5	16	6,30	5	0,193	8,0	8,6	- 0,6	7,0	
603	41,5	16	6,80	5	0,193	8,0	8,4	- 0,4	4,8	
604	48,5	12	6,85	5	0,185	9,0	11,3	- 2,3	20,4	
605	191,0	12	8,60	5	0,241	46,0	51,3	- 5,3	10,3	
610	16,0	12	4,50	1		2,0	2,1	- 0,1	4,8	Angabe der Zeit je Biegung und nicht je kg wie in den Karten 07 - 0591 bis 07 - 0605
611	16,8	16	5,30	1		1,0	1,8	- 0,8	44,5	
612	245,0	12	5,50	1		39,0	22,5	+ 16,5	73,4	
613	9,6	12	5,40	5		5,0	4,1	+ 0,9	22,0	
614	10,3	12	5,80	5		5,0	4,1	+ 0,9	22,0	
615	29,7	12	2,70	5		11,9	11,7	+ 0,2	1,7	
616	19,8	16	6,30	5		8,1	5,1	+ 3,0	58,9	
617	21,5	16	6,80	5		8,1	5,3	+ 2,8	52,8	
618	48,7	12	6,85	5		9,1	11,1	- 2,0	18,0	
619	191,0	12	8,60	5		46,5	52,8	- 6,3	11,9	
620	180,0	12	8,10	5		42,0	49,7	- 7,7	15,7	

Summe 560,5 : 22 = 25,5

Mittelwert: 25 %   Maximalwert: 81,4 %

[x] Richtwertkartei des Instituts für Bauforschung e.V., Hannover

aller persönlich beeinflußbaren Zeitwerte dürften diese Abweichungen hauptsächlich in der geringen Größe der den Richtwertkarten zugrundeliegenden Versuchsreihen (häufig beziehen sich die Werte nur auf Messungen an 2 oder 4 Stäben!) liegen. Außerdem ist die Erfüllung der an das Nomogramm für dessen Gültigkeit geknüpften Bedingungen anhand der Karten nicht nachzuprüfen.

2.3 Die Bestimmung der Biegezeiten aus den in der Praxis vorliegenden Unterlagen mit Hilfe der Leistungsrichtwerte

Den auf den Biegeplatz kommenden Bewehrungszeichnungen wird im allgemeinen eine Stahlliste in der Form der Tabelle 16 beigegeben.

Tabelle 16
Stahlliste zur Bewehrungszeichnung

Position	Stückzahl	Stab-⌀ (mm)	Stablänge einzeln (m)	Stablänge gesamt (m)	Stabgewicht einzeln (kg)	Stabgewicht gesamt (kg)
1	2	3	4	5	6	7

Hierin sind 3 der bei Anwendung des Nomogrammes (Abb. 5o) benötigten Daten (Gesamtgewicht, Stabdurchmesser und Stablänge) bereits angegeben, und durch Erweiterung dieser Tabelle um 4 Spalten läßt sich die Zeit für das Biegen der gesamten Stahlliste sehr einfach bestimmen.

Tabelle 17
Erweiterte Stahlliste

Pos.	Stückz.	Stab-⌀ (mm)	Stablänge einz. (m)	Stablänge ges. (m)	Stabgewicht einz. (kg)	Stabgewicht ges. (kg)	Formziffer	Zeit einschl. Messen (min)	Zahl der Stäbe je 6o kg	Rüstzeit f. Herantragen (min)
1	2	3	4	5	6	7	8	9	1o	11
						Summe:				
						Verlustzeitzuschlag:				
						Gesamtzeit:				

In Spalte 8 trägt man die der Position entsprechende Formziffer ein, die aus der in Tabelle 18 beigegebenen Übersicht und dem Eisenauszug der Bewehrungszeichnung leicht zu finden ist. Aus dem Nomogramm der Abbildung 50 liest man die für jede Serie erforderliche Arbeitszeit ab, und trägt sie in die Spalte 9 ein.

Soll auch die Rüstzeit für das Herantragen der Stäbe zum Biegetisch bestimmt werden, so ist aus dem Einzelstabgewicht die Zahl der Stäbe je 60 kg zu bestimmen und in Spalte 10 einzutragen. Die Zeit in Spalte 11 findet man daraus und aus dem Gesamtgewicht über das Diagramm der Abbildung 53. Die Summe der Zeiten in den Spalten 9 und 11 ergibt sodann mit dem Zuschlag für die Verlustzeiten die Gesamtzeit für das Biegen der vorliegenden Stahlliste.

3. Zusammenfassung der Versuchsergebnisse

3.1 Der Kraft- und Arbeitsaufwand der Maschinen

Eine Berechnung des zum Biegen erforderlichen Momentes und der Formänderungsarbeit aus den Spannungsdehnungsdiagrammen ist möglich. Das Berechnungsverfahren ist aber sehr umständlich und langwierig und wegen fehlender analytischer Ausdrücke nur graphisch möglich. Sehr schwierig ist auch die Aufnahme der Spannungsdehnungsdiagramme. Die Größe des Momentes wird beeinflußt durch:

1. Die Stahleigenschaften (Formänderungsdiagramm)
2. Den Stabdurchmesser
3. Den Biegedurchmesser.

Die Biegegeschwindigkeit beeinflußt den Verfestigungsvorgang und damit das Formänderungsdiagramm; sie wirkt sich also auf die Größe des Momentes indirekt aus.

Die durchgeführten Versuche zeigten folgendes: Die Biegekraft erreicht zu Beginn des Biegevorganges ihren Maximalwert und schwankt im weiteren Verlauf des Biegens bei glatten Stählen mehr oder weniger stark um einen gleichbleibenden Mittelwert und bei Profilstählen um eine je nach Profil wechselnde Kraftlinie (vergl. Abb. 17). Während die von der induktiven Meßanlage aufgezeichneten Kraftschwankungen bis zu 60 % des Mittelwertes ausmachen, gehen die der trägeren hydraulischen Meßvorrichtung nur bis zu 36 %. Die durch das Profil hervorgerufenen Lastspitzen sind umso größer, je fester der Stahl, je größer die Biegegeschwindigkeit und je größer der Biegedurchmesser ist.

Forschungsberichte des Wirtschafts- und Verkehrsministeriums Nordrhein-Westfalen

T a b e l l e 18

Übersicht über die Stabformen

Form		Beispiele
1	Gerade Stäbe nur mit Endhaken	
2	Stäbe mit einer Biegung, Stäbe mit einfacher Aufbiegung, wenn $b < f$ Stäbe mit doppelter Aufbiegung, wenn $b < f$	
3	Stäbe mit zwei Biegungen (auch Stäbe mit einfacher Aufbiegung, wenn $b > f$) Stäbe mit doppelter Aufbiegung, wenn $b < f$	
4	Stäbe mit drei Biegungen (auch einfache Aufbiegung mit einer Zusatzbiegung, wenn $b > f$) Stäbe mit doppelter Aufbiegung und einer Zusatzbiegung, wenn $b < f$	
5	Stäbe mit vier Biegungen (auch doppelte Aufbiegungen, wenn $b > f$) Stäbe mit doppelter Aufbiegung und zwei Zusatzbiegungen, wenn $b < f$	
6	Stäbe mit fünf Biegungen (auch doppelte Aufbiegung mit einer Zusatzbiegung, wenn $b > f$)	
7	Stäbe mit sechs Biegungen (auch doppelte Aufbiegung mit zwei Zusatzbiegungen, wenn $b > f$)	

Das Maß f ist eine Maschinenkonstante, und zwar der größt mögliche Abstand der beiden Biegerollen bei Doppelbiegungen. Im allgemeinen ist f gleich der Biegeflügellänge; bei Peddinghaus-Maschinen, bei denen eine der beiden Rollen auf der Maschinenplatte angebracht sein kann, kann dieser Abstand größer sein (Vergl. Abb. 4 b und 4 c).

Forschungsberichte des Wirtschafts- und Verkehrsministeriums Nordrhein-Westfalen

Die Abweichungen der Einzelwerte der Kräfte einer Reihe parallel durchgeführter Vergleichsversuche vom Mittelwert dieser Reihe liegen im Mittel bei 5 % und maximal bei 1o % des Mittelwertes. Darin sind die Ungenauigkeiten des Planimetrierens bereits enthalten.

Der Einfluß der Biegegeschwindigkeit auf die Größe der Kraft ist nicht meßbar. Zu hohe Biegegeschwindigkeiten führen beim Biegen von Stählen hoher Festigkeit um dünne Rollen zu Brüchen und Rissen im Stab.

Bei schwachen Stäben (d = 8 und 1o mm) zeigt die über dem Biegedurchmesser aufgetragene Kraft einen ausgesprochenen Maximalwert. Dieser tritt mit zunehmendem Stabdurchmesser bei immer kleinerem Biegedurchmesser auf. Bei Stäben von d = 16 mm liegt das Maximum bereits unter D = 4o mm, so daß die Kraft im gesamten Meßbereich mit wachsendem Biegedurchmesser fällt. Die Abhängigkeit der Kraft von der Stahlgüte läßt sich näherungsweise als Funktion der Streckgrenze darstellen. Stähle mit höherer Streckgrenze sind schwerer zu biegen. Die zum Biegen eines Hakens von 18o° erforderlichen Biegemomente mit den nach DIN 1o45 vorgeschriebenen Mindestdurchmessern sind aus dem Diagramm der Abbildung 29 für verschiedene Stabdurchmesser und Stähle abzulesen. Die Abbildung 35 gibt entsprechend die aufzuwendende Formänderungsarbeit an.

Der Wirkungsgrad einer Biegemaschine (Peddinghaus "Perfekt 4o") steigt beim Biegen je eines Stabes von ca. 5 % bei Stäben von d = 8 mm auf ca. 63 % bei d = 3o mm. Bei gleichzeitigem Biegen der nach arbeitstechnischen Gesichtspunkten günstigsten Stabzahl liegt der Wirkungsgrad für d = 8 mm bei 33 %, für d = 16 mm bei 67 % und für d = 3o mm bei 63 %.

Die Tabelle 9 gibt einen Überblick über die von verschiedenen Stahlsorten und Stabdurchmessern bei konstanter Maschinenbelastung und Biegegeschwindigkeit zugelassene Stabzahl je Biegung in Abhängigkeit von den in Betonstahl I zugelassenen Maximaldurchmessern. In der Tabelle 1o sind die zulässigen Biegetellerdrehzahlen beim Biegen der nach arbeitstechnischen Gesichtspunkten gewählten Stabzahl je Arbeitsgang angegeben.

3.2 Der Aufwand an Arbeitsstunden durch das Bedienungspersonal

Die angegebenen Zeitwerte gelten nur für die unter 2.11 beschriebenen Arbeitsplatzeinrichtungen und die unter 2.12 beschriebene und in Tabelle 11 zusammengestellte Arbeitsgangfolge.

Forschungsberichte des Wirtschafts- und Verkehrsministeriums Nordrhein-Westfalen

Die durch die rauhe Oberfläche der Profilstähle und das Zurückfedern fester Stähle beim Lösen der Biegespannung erforderliche Mehrzeit ist nicht meßbar. Die Zeitwerte der vorstehenden Arbeit gelten für alle Stahlsorten.

Zur Bedienung einer Biegemaschine sind 3 Arbeiter erforderlich. Der Einsatz eines 4. Arbeiters verringert die Gesamtherstellungszeit nur unwesentlich. Nur bei sehr komplizierten und unhandlichen Stabformen sind 4 Arbeiter voll ausgelastet.

In der Praxis werden meist mehrere Stäbe gleichzeitig gebogen. Diese aus arbeitstechnischen Gesichtspunkten günstigste Stabzahl ist in der Abbildung 40 angegeben.

Die Zeit für ein Arbeitsspiel bei sonst gleichen Bedingungen ist für dünne Stäbe größer als für dicke, allerdings ist der Unterschied bei verschiedenen Stabdurchmessern unbedeutend. Daher wurden die Werte jeweils für die Durchmessergruppen von d = 8 bis 14 mm, 16 bis 22 mm und 24 bis 30 mm zusammengefaßt. Ebenfalls vergrößert die wachsende Stablänge die Biegezeit je Arbeitsgang. Von stärkstem Einfluß auf die Biegezeit aber ist die Stabform. Mit zunehmender Zahl von Biegestellen nimmt die Biegezeit zu. Bei der Darstellung der erforderlichen Biegezeit in Abhängigkeit vom Seriengewicht zeigt sich, daß kleinere Durchmesser, kleinere Stablängen und kompliziertere Stabformen die Arbeitszeit je Serie erhöhen.

Die Rüstzeiten für das Messen und Anreißen sind nur von der Stabform abhängig.

In der Abbildung 50 ist ein Nomogramm angegeben, aus dem die Arbeitsstunden (Grund- und Rüstzeiten) für die verschiedenen Stabformen, Stabdurchmesser und Stablängen in Abhängigkeit vom Seriengewicht abgegriffen werden können.

Die Rüstzeiten für das Herantragen der Stäbe zum Meßtisch sind in der Abbildung 53 in Abhängigkeit vom Seriengewicht und der Stabzahl je Lastweg angegeben.

Prof. Dr. G. GARBOTZ, Aachen
Dr.-Ing. Paul WOLFF, Aachen

Forschungsberichte des Wirtschafts- und Verkehrsministeriums Nordrhein-Westfalen

Anlage 1

Versuch: 173 · 13 Datum: 25.4.53 Meßvorrichtung: A_4			Flächenermittlung				Versuch: 232 · 13 Datum: 25.4.53 Meßvorrichtung: A_4		
			Messung	a	b	c	d		
			1	18,4	18,0	16,5	16,2		
			2	18,2	18,3	16,4	16,3		
			Summe	36,6	36,3	32,9	32,5		
			Mittel	18,3	18,15	16,45	16,25		
Diagr.-länge cm	P_{mittel} (kg)	Abweichung vom Mittel	Messung	P_{max} (kg)	Abweichung vom Mittel	Diagramm-fläche cm^2	Diagr.-länge cm	P_{mittel} (kg)	Abweichung vom Mittel
9,9	12,9	0,1	a	20,8	0,3	18,3	10,5	16,5	0,5
10,0	12,8	0,2	b	21,7	1,2	18,15	10,1	17,0	1,0
9,7	13,6	0,6	c	19,0	1,5	16,45	10,2	15,2	0,8
9,9	12,6	0,4	d	20,3	0,2	16,25	10,1	15,2	0,8
	51,9	1,3	Summe	81,8	3,2			63,9	3,1
	13,0	0,32	Mittelwert	20,5	0,8			16,0	0,77
	4,4		Abweichg. vom Mittelwert % gr.	7,3				6,3	
	2,5		mittl.	3,9				4,8	
Versuch: 236 · 13 Datum: 25.4.53 Meßvorrichtung: A_3			Flächenermittlung				Versuch: 258 · 13 Datum: 25.4.53 Meßvorrichtung: A_3		
			Messung	a	b	c	d		
			1	27,5	27,6	26,9	28,7		
			2	27,9	27,6	26,5	28,4		
			Summe	55,4	55,2	53,4	57,1		
			Mittel	27,7	27,6	26,7	28,55		
Diagr.-länge cm	P_{mittel} (kg)	Abweichung vom Mittel	Messung	P_{max} (kg)	Abweichung vom Mittel	Diagramm-fläche cm^2	Diagr.-länge cm	P_{mittel} (kg)	Abweichung vom Mittel
10,8	32,9	0,3	a	37,5	0,85	27,7	11,5	29,1	1,3
10,6	31,1	0,5	b	36,3	0,35	27,6	10,9	30,7	0,3
10,5	32,8	0,2	c	34,0	2,65	26,7	10,9	29,5	0,9
10,5	33,4	0,8	d	38,7	2,05	28,55	10,7	32,3	1,9
	130,2	1,8	Summe	146,5	5,90			121,6	4,2
	32,6	0,45	Mittelwert	36,65	1,48			30,4	1,05
	2,45		Abweichg. vom Mittelwert % gr.	7,2				6,2	
	1,4		mittl.	4,0				3,5	

Anlage 1 (Forts.)

Flächenermittlung					Versuch: 171 · 13 Datum: 25.4.53 Meßvorrichtung: A_4			Flächenermittlung				
Messung	a	b	c	d				Messung	a	b	c	d
1	9,1	9,9	10,2	10,0				1	13,4	13,6	13,9	13,3
2	9,3	9,7	10,3	10,2				2	13,7	13,5	14,1	13,2
Summe	18,4	19,6	20,5	20,2				Summe	27,1	27,1	28,0	26,5
Mittel	9,2	9,8	10,25	10,1				Mittel	13,55	13,55	14,0	13,25
Messung	P_{max} (kg)	Abweichung vom Mittel	Diagrammfläche cm^2	Diagr.-länge cm	P_{mittel} (kg)	Abweichung vom Mittel	Messung	P_{max} (kg)	Abweichung vom Mittel	Diagrammfläche cm^2		
a	11,3	1,15	9,2	9,6	8,9	0,6	a	17,0	0,4	13,55		
b	13,0	0,55	9,8	9,8	9,4	0,1	b	17,0	0,4	13,55		
c	13,0	0,55	10,25	9,7	10,0	0,5	c	16,5	0,1	14,0		
d	12,5	0,05	10,1	9,7	9,8	0,3	d	16,0	0,6	13,25		
Summe	49,8	2,30			38,1	1,5	Summe	66,5	1,5			
Mittelwert	12,45	0,57			9,5	0,37	Mittelwert	16,6	0,37			
Abweichg. vom Mittelwert % gr.	9,3				6,3		Abweichg. vom Mittelwert % gr.	3,6				
mittl.	4,6				3,9		mittl.	2,2				

Flächenermittlung					Versuch: 234 · 13 Datum: 25.4.53 Meßvorrichtung: A_4			Flächenermittlung				
Messung	a	b	c	d				Messung	a	b	c	d
1	24,9	24,0	23,2	24,0				1	29,2	27,4	28,7	29,0
2	25,3	24,1	23,6	24,4				2	29,6	27,1	28,3	29,0
Summe	50,2	48,1	46,8	48,4				Summe	58,8	54,5	57,0	58,0
Mittel	25,1	24,05	23,4	24,2				Mittel	29,4	27,25	28,5	29,0
Messung	P_{max} (kg)	Abweichung vom Mittel	Diagrammfläche cm^2	Diagr.-länge cm	P_{mittel} (kg)	Abweichung vom Mittel	Messung	P_{max} (kg)	Abweichung vom Mittel	Diagrammfläche cm^2		
a	28,4	0,8	25,1	10,6	22,4	0,5	a	41,1	1,6	29,4		
b	27,4	0,2	24,05	10,4	21,8	0,1	b	37,6	1,9	27,25		
c	26,4	0,2	23,4	10,4	21,2	0,7	c	38,7	0,8	28,5		
d	28,3	0,7	24,2	10,3	22,1	0,2	d	40,7	1,2	29,0		
Summe	110,5	1,9			87,5	1,5	Summe	158,1	5,5			
Mittelwert	27,6	0,47			21,9	0,37	Mittelwert	39,5	1,37			
Abweichg. vom Mittelwert % gr.	2,9				3,2		Abweichg. vom Mittelwert % gr.	4,8				
mittl.	1,7				1,7		mittl.	2,9				

Forschungsberichte des Wirtschafts- und Verkehrsministeriums Nordrhein-Westfalen

A n l a g e 2

Baustelle		Auftrag / Position	Wetter	Datum	Blatt
Ph. Holzmann, Ffm.		Batelle / Nacharbeit Position 2	trocken, kühl	13. 10. 1952	F 34
Stabform 4		L = 4,15 m l = 3,77 m a = 0,25 m h = 0,75 m' b = 1,06 m c = 1,15 m	Stahl I glatt d = 24 mm Biegetellerdrehzahl 12,5 U/min Arbeiterzahl 3 Stabzahl je Biegung 2		

Lfd. Nr.	Arbeits-gang		1	2	3	4	5	6	7	8	9	10	11	12	13	14	15	16	17	18	19	20	Summe	Durchschnitt (min)
								Für gleiche Teilarbeiten aufgenommenen Zeiten (min)											Leistungsgrad 100 %					
1	Einlegen	E	1,50	0,50	0,47		0,41	0,27	0,54	0,27	0,34	0,26	0,20	0,19	13,35	0,21	0,25		0,22	0,22		0,21	4,56 : 15
		F	1,65	3,45	5,34	7,57	9,16	10,45	12,00	13,23	14,54	15,72	6,07	7,17	13,96	15,18	16,38	17,68	18,78	19,82		22,19	0,304
2	1. Haken	E	0,04	0,04	0,04	0,05	0,04	0,04	0,04	0,04	0,05	0,04	0,04	0,04	0,04	0,04	0,04	0,04	0,04	0,04		0,03	0,77 : 19
		F	1,69	3,49	5,38	7,62	9,20	10,49	12,04	13,27	14,59	15,76	6,11	7,21	14,00	15,22	16,42	17,72	18,82	19,86	21,15	22,22	0,041
3	Vorziehen	E	0,13	0,14	0,14	0,12	0,12	0,09	0,10	0,13	0,12		0,07	0,20	0,19	0,12	0,13	0,12	0,09	0,11	0,12	0,14	2,38 : 19
		F	1,81	3,63	5,52	7,74	9,32	10,58	12,14	13,40	14,71		6,18	7,41	14,19	15,34	16,55	17,84	18,91	19,97	21,27	22,36	0,125
4	1.Aufbieg. oben	E	0,01	0,02	0,01	0,02	0,02	0,01	0,01	0,02	0,02	0,01	0,01	0,01	0,02	0,01	0,01	0,02	0,01	0,01	0,01	0,01	0,26 : 19
		F	1,82	3,65	5,53	7,76	9,34	10,59	12,15	13,42	14,73		6,19	7,42	14,21	15,35	16,56	17,86	18,92	19,98	21,28	22,37	0,014
5	Umlegen u. vorziehen	E	0,28	0,23	0,23	0,27	0,21	0,17	0,16	0,12	0,15		0,17		0,13	0,15	0,14	0,12	0,13	0,12	0,13		2,91 : 17
		F	2,10	3,88	5,76	8,03	9,55	10,76	12,31	13,54	14,88	16,05	6,36	7,93	14,34	15,50	16,70	17,98	19,05	20,10	21,41	22,63	0,171
6	1.Aufbieg. unten	E	0,02	0,07	0,02	0,03	0,02	0,02	0,02	0,02	0,02	0,02	0,02	0,02	0,02	0,02	0,01	0,02	0,02	0,01	0,01	0,01	0,43 : 20
		F	2,12	3,95	5,78	8,06	9,57	10,78	12,33	13,56	14,90	16,07	6,38	7,95	14,36	15,52	16,71	18,00	19,07	20,11	21,42	22,64	0,021
7	Umlegen u. vorziehen	E	0,31	0,33	0,28	0,31	0,22	0,23	0,26	0,28	0,19	0,29	0,23		0,23	0,21	0,21	0,22	0,21	0,23	0,21		4,45 : 18
		F	2,43	4,28	6,06	8,37	9,79	11,01	12,59	13,84	15,09	16,36	6,61		14,59	15,73	16,92	18,22	19,28	20,34	21,63	23,00	0,247
8	2. Haken	E	0,04	0,04	0,04	0,04	0,04	0,04	0,04	0,04	0,04	0,02	0,04	0,04	0,04	0,03	0,03	0,04	0,03	0,04	0,04	0,04	0,75 : 20
		F	2,47	4,32	6,10	8,41	9,83	11,05	12,63	13,88	15,13	16,38	6,65	8,71	14,63	15,76	16,95	18,26	19,31	20,38	21,67	23,04	0,038
9	Zurückziehen	E	0,12	0,12	0,12	0,09	0,07	0,16	0,10	0,08	0,10	0,25	0,11	0,15	0,12	0,17	0,14	0,12	0,12	0,11	0,12	0,13	2,50 : 20
		F	2,59	4,44	6,22	8,50	9,90	11,21	12,73	13,96	15,23	16,63	6,76	8,86	14,75	15,93	17,09	18,38	19,43	20,49	21,79	23,17	0,125
10	2.Aufbieg. oben	E	0,01	0,02	0,03	0,01	0,01	0,02	0,02	0,01	0,01	0,01	0,01	0,02	0,02	0,02	0,01	0,01	0,02	0,01	0,02	0,01	0,30 : 20
		F	2,60	4,46	6,25	8,51	9,91	11,23	12,75	13,97	15,24	16,64	6,77	8,88	14,77	15,95	17,10	18,39	19,45	20,50	21,81	23,18	0,015
11	Umlegen u. zurückziehen	E	0,31	0,28	0,45	0,22	0,26	0,20	0,19	0,21	0,18	0,32	0,19	0,23	0,19	0,17	0,15	0,16	0,14	0,17	0,16	0,16	4,34 : 20
		F	2,91	4,74	6,70	8,73	10,17	11,43	12,94	14,18	15,42	16,96	6,96	9,11	14,96	16,12	17,25	18,55	19,59	20,67	21,97	23,34	0,217
12	2.Aufbieg. unten	E	0,04	0,03	0,05	0,02	0,01	0,03	0,02	0,02	0,04	0,03	0,02	0,02	0,01	0,01	0,01	0,01	0,01	0,01	0,01	0,02	0,42 : 20
		F	2,95	4,87	6,95	8,75	10,18	11,46	12,96	14,20	15,46	16,99	6,98	9,13	14,97	16,13	17,26	18,56	19,60	20,68	21,98	23,36	0,021

Forschungsberichte des Wirtschafts- und Verkehrsministeriums Nordrhein-Westfalen

Anlage 3

Auswertebogen 1422
Stabdurchmesser 24 mm
Stabform 4

Zeit - Mittelwerte für Arbeitsgang (min)

Stablänge m	Tellerdrehzahl U/min	Stabzahl	Arbeiterzahl	Gewicht kg	1	2	3	4	5	6	7	8	9	10	11	12	13	14	Summe	Maschine	Aufnahme
9,95	12,5	1	4	35,0	0,378	0,048	0,208	0,044	0,214	0,048	0,256	0,040	0,175	0,052	0,275	0,070			1,808	N	F_4
4,15	12,5	2	3	29,4	0,304	0,041	0,125	0,014	0,171	0,021	0,247	0,038	0,125	0,015	0,217	0,021			1,339	N	F_{34}
7,45	12,5	1	4	26,4	0,297	0,039	0,143	0,025	0,126	0,030	0,182	0,039	0,095	0,039	0,272	0,044			1,331	N	F_{36}
7,45	12,5	2	4	52,8	0,375	0,042	0,226	0,095	0,252	0,018	0,314	0,039	0,150	0,037	0,344	0,043			1,899	N	F_{36}
8,95	12,5	1	4	31,8	0,211	0,041	0,197	–	0,175	0,047	0,193	0,374	0,216	0,057	0,216	0,044			1,771	A	F_{49}
5,60	12,5	2-3	4	40,0	0,264	–	0,144	–	0,299	–	0,178	–	0,286	–	0,139	–			(1,046)	N	F_{104}

Forschungsberichte des Wirtschafts- und Verkehrsministeriums Nordrhein-Westfalen

Literaturverzeichnis

1. SAUER, H. Anwendung des Arbeitsstudiums in der Bauwirtschaft (nicht veröffentlicht)

2. BAUMEISTER, L. Preisermittlung und Veranschlagung von Hoch-, Tief- und Stahlbetonbauten, Springer-Verlag, Berlin 1950

3. Lehrschrift der Futura über wirtschaftliches Arbeiten beim Schneiden und Biegen der Einlagen für Stahlbeton, Wuppertal-Elberfeld, 1942

4. NADAI Der bildsame Zustand der Werkstoffe, Springer-Verlag, Berlin 1927

5. MEYER, F. Die Berechnung der Durchbiegung von Stäben, deren Material dem HOOCK'schen Gesetz nicht folgt. ZVDI, 1908, Seite 197

6. SIEBEL, E. und H. VIEREGGE Über die Abhängigkeit des Fließgebinns von Spannungsverteilung und Werkstoff. Mitteilungen aus dem K. W.-Institut für Eisenforschung, Bd. XVI, 1934

7. CRANE, E. V. Plastic Working of Metals and Power-Press Operations

8. Hütte, Bd. I, 27. Auflage (1952), Seite 454 - 457

   LUDWIK, P. Elemente der technologischen Mechanik. Springer-Verlag, Berlin 1909

9. DIN 1045 "Bestimmungen für die Ausführung von Bauwerken aus Stahlbeton", § 5, Abs. 6, Stahl

10. Bedienungsanleitung für die Original-Peddinghaus Betonstahlbiegemaschine "Perfekt"

11. GELLER, J. Der Einfluß der Geschwindigkeit bei der plastischen Verformung in Kaltpressen, Dissertation, Hannover 1927

12. Rundschreiben Nr. 1/53 des Deutschen Betonvereins, Wiesbaden, Juni 1953

13. GRAF, O. und G. WEIL Versuche mit verdrillten Bewehrungsstählen, Heft 94 des Deutschen Ausschusses für Eisenbeton, Stuttgart 1939

14. SIEBEL, E.   Die Formgebung im bildsamen Zustande.
                 Verlag Stahleisen, Düsseldorf 1932

    KÖRBER, F. und   Die Grundlagen der bildsamen Verformung, Mitteilungen
    A. EICHINGER   aus dem K. W.-Institut für Eisenforschung,
                     Düsseldorf 1940

    SACHS, G.   Praktische Metallkunde, Springer-Verlag, Berlin 1934

FORSCHUNGSBERICHTE
DES WIRTSCHAFTS- UND VERKEHRSMINISTERIUMS
NORDRHEIN-WESTFALEN

Herausgegeben von Staatssekretär Prof. Leo Brandt

Heft 1:
Prof. Dr.-Ing. Eugen Flegler, Aachen
Untersuchungen oxydischer Ferromagnet-Werkstoffe

Heft 2:
Prof. Dr. phil. Walter Fuchs, Aachen
Untersuchungen über absatzfreie Teeröle

Heft 3:
Techn.-Wissenschaftl. Büro für die Bastfaserindustrie, Bielefeld
Untersuchungsarbeiten zur Verbesserung des Leinenwebstuhls

Heft 4:
Prof. Dr. E. A. Müller u. Dipl.-Ing. H. Spitzer, Dortmund
Untersuchungen über die Hitzebelastung in Hüttenbetrieben

Heft 5:
Dipl.-Ing. Werner Fister, Aachen
Prüfstand der Turbinenuntersuchungen

Heft 6:
Prof. Dr. phil. Walter Fuchs, Aachen
Untersuchungen über die Zusammensetzung und Verwendbarkeit von Schwelteerfraktionen

Heft 7:
Prof. Dr. phil. Walter Fuchs, Aachen
Untersuchungen über emsländisches Petrolatum

Heft 8:
Maria Elisabeth Meffert und Heinz Stratmann, Essen
Algen-Großkulturen im Sommer 1951

Heft 9:
Techn.-Wissenschaftl. Büro für die Bastfaserindustrie, Bielefeld
Untersuchungen über die zweckmäßige Wicklungsart von Leinengarnkreuzspulen unter Berücksichtigung der Anwendung hoher Geschwindigkeiten des Garnes
Vorversuche für Zetteln und Schären von Leinengarnen auf Hochleistungsmaschinen

Heft 10:
Prof. Dr. Wilhelm Vogel, Köln
„Das Streifenpaar" als neues System zur mechanischen Vergrößerung kleiner Verschiebungen und seine technischen Anwendungsmöglichkeiten

Heft 11:
Laboratorium für Werkzeugmaschinen und Betriebslehre, Technische Hochschule Aachen
1. Untersuchungen über Metallbearbeitung im Fräsvorgang mit Hartmetallwerkzeugen und negativem Spanwinkel
2. Weiterentwicklung des Schleifverfahrens für die Herstellung von Präzisionswerkstücken unter Vermeidung hoher Temperaturen
3. Untersuchung von Oberflächenveredlungsverfahren zur Steigerung der Belastbarkeit hochbeanspruchter Bauteile

Heft 12:
Elektrowärme-Institut, Langenberg (Rhld.)
Induktive Erwärmung mit Netzfrequenz

Heft 13:
Techn.-Wissenschaftl. Büro für die Bastfaserindustrie, Bielefeld
Das Naßspinnen von Bastfasergarnen mit chemischen Zusätzen zum Spinnbad

Heft 14:
Forschungsstelle für Acetylen, Dortmund
Untersuchungen über Aceton als Lösungsmittel für Acetylen

Heft 15:
Wäschereiforschung Krefeld
Trocknen von Wäschestoffen

Heft 16:
Max-Planck-Institut für Kohlenforschung, Mülheim a. d. Ruhr
Arbeiten des MPI für Kohlenforschung

Heft 17:
Ingenieurbüro Herbert Stein, M. Gladbach
Untersuchung der Verzugsvorgänge in den Streckwerken verschiedener Spinnereimaschinen. 1. Bericht: Vergleichende Prüfung mit verschiedenen Dickenmeßgeräten

Heft 18:
Wäschereiforschung Krefeld
Grundlagen zur Erfassung der chemischen Schädigung beim Waschen

Heft 19:
Techn.-Wissenschaftl. Büro für die Bastfaserindustrie, Bielefeld
Die Auswirkung des Schlichtens von Leinengarnketten auf den Verarbeitungswirkungsgrad, sowie die Festigkeits- und Dehnungsverhältnisse der Garne und Gewebe

Heft 20:
Techn.-Wissenschaftl. Büro für die Bastfaserindustrie, Bielefeld
Trocknung von Leinengarnen I
Vorgang und Einwirkung auf die Garnqualität

Heft 21:
Techn.-Wissenschaftl. Büro für die Bastfaserindustrie, Bielefeld
Trocknung von Leinengarnen II
Spulenanordnung und Luftführung beim Trocknen von Kreuzspulen

Heft 22:
Techn.-Wissenschaftl. Büro für die Bastfaserindustrie, Bielefeld
Die Reparaturanfälligkeit von Webstühlen

Heft 23:
Institut für Starkstromtechnik, Aachen
Rechnerische und experimentelle Untersuchungen zur Kenntnis der Metadyne als Umformer von konstanter Spannung auf konstanten Strom

Heft 24:
Institut für Starkstromtechnik, Aachen
Vergleich verschiedener Generator-Metadyne-Schaltungen in bezug auf statisches Verhalten

Heft 25:
Gesellschaft für Kohlentechnik mbH., Dortmund-Eving
Struktur der Steinkohlen und Steinkohlen-Kokse

Heft 26:
Techn.-Wissenschaftl. Büro für die Bastfaserindustrie, Bielefeld
Vergleichende Untersuchungen zweier neuzeitlicher Ungleichmäßigkeitsprüfer für Bänder und Garne hinsichtlich ihrer Eignung für die Bastfaserspinnerei

Heft 27:
Prof. Dr. E. Schratz, Münster
Untersuchungen zur Rentabilität des Arzneipflanzenanbaues
Römische Kamille, Anthemis nobilis L.

Heft: 28:
Prof. Dr. E. Schratz, Münster
Calendula officinalis L.
Studien zur Ernährung, Blütenfüllung und Rentabilität der Drogengewinnung

Heft 29:
Techn.-Wissenschaftl. Büro für die Bastfaserindustrie, Bielefeld
Die Ausnützung der Leinengarne in Geweben

Heft 30:
Gesellschaft für Kohlentechnik mbH., Dortmund-Eving
Kombinierte Entaschung und Verschwelung von Steinkohle; Aufarbeitung von Steinkohlenschlämmen zu verkokbarer oder verschwelbarer Kohle

Heft 31:
Dipl.-Ing. Störmann, Essen
Messung des Leistungsbedarfs von Doppelsteg-Kettenförderern

Heft 32:
Techn.-Wissenschaftl. Büro für die Bastfaserindustrie, Bielefeld
Der Einfluß der Natriumchloridbleiche auf Qualität und Verwebbarkeit von Leinengarnen und die Eigenschaften der Leinengewebe unter besonderer Berücksichtigung des Einsatzes von Schützen- und Spulenwechselautomaten in der Leinenweberei

Heft 33:
Kohlenstoffbiologische Forschungsstation e. V.
Eine Methode zur Bestimmung von Schwefeldioxyd und Schwefelwasserstoff in Rauchgasen und in der Atmosphäre

Heft 34:
Textilforschungsanstalt Krefeld
Quellungs- und Entquellungsvorgänge bei Faserstoffen

Heft 35:
Professor Dr. Wilhelm Kast, Krefeld
Feinstrukturuntersuchungen an künstlichen Zellulosefasern verschiedener Herstellungsverfahren

Heft 36:
Forschungsinstitut der feuerfesten Industrie, Bonn
Untersuchungen über die Trocknung von Rohton. Untersuchungen über die chemische Reinigung von Silika- und Schamotte-Rohstoffen mit chlorhaltigen Gasen

Heft 37:
Forschungsinstitut der feuerfesten Industrie, Bonn
Untersuchungen über den Einfluß der Probenvorbereitung auf die Kaltdruckfestigkeit feuerfester Steine

Heft 38:
Forschungsstelle für Acetylen, Dortmund
Untersuchungen über die Trocknung von Acetylen zur Herstellung von Dissousgas

Heft 39:
Forschungsgesellschaft Blechverarbeitung e. V., Düsseldorf
Untersuchungen an prägegemusterten und vorgelochten Blechen

Heft 40:
Landesgeologe Dr.-Ing. W. Wolff, Amt für Bodenforschung, Krefeld
Untersuchungen über die Anwendbarkeit geophysikalischer Verfahren zur Untersuchung von Spateisengängen im Siegerland

Heft 41:
Techn.-Wissenschaftl. Büro für die Bastfaserindustrie, Bielefeld
Untersuchungsarbeiten zur Verbesserung des Leinenwebstuhles II

Heft 42:
Professor Dr. Burckhardt Helferich, Bonn
Untersuchungen über Wirkstoffe — Fermente — in der Kartoffel und die Möglichkeit ihrer Verwendung

Heft 43:
Forschungsgesellschaft Blechverarbeitung e. V., Düsseldorf
Forschungsergebnisse über das Beizen von Blechen

Heft 44:
Arbeitsgemeinschaft für praktische Dehnungsmessung, Düsseldorf
Eigenschaften und Anwendungen von Dehnungsmeßstreifen

Heft 45:
Losenhausenwerk Düsseldorfer Maschinenbau AG., Düsseldorf
Untersuchungen von störenden Einflüssen auf die Lastgrenzenanzeige von Dauerschwingprüfmaschinen

Heft 46:
Professor Dr. phil. W. Fuchs, Aachen
Untersuchungen über die Aufbereitung von Wasser für die Dampferzeugung in Benson-Kesseln

Heft 47:
Prof. Dr.-Ing. habil. Karl Krekeler, Aachen
Versuche über die Anwendung der induktiven Erwärmung zum Sintern von hochschmelzenden Metallen sowie zur Anlegierung und Vergütung von aufgespritzten Metallschichten mit dem Grundwerkstoff.

Heft 48:
Max-Planck-Institut für Eisenforschung, Düsseldorf
Spektrochemische Analyse der Gefügebestandteile in Stählen nach ihrer Isolierung

Heft 49:
Max-Planck-Institut für Eisenforschung, Düsseldorf
Untersuchungen über Ablauf der Desoxydation und die Bildung von Einschlüssen in Stählen

Heft 50:
Max-Planck-Institut für Eisenforschung, Düsseldorf
Flammenspektralanalytische Untersuchung der Ferritzusammensetzung in Stählen

Heft 51:
Verein zur Förderung von Forschungs- und Entwicklungsarbeiten in der Werkzeugindustrie e. V., Remscheid
Untersuchungen an Kreissägeblättern für Holz, Fehler- und Spannungsprüfverfahren

Heft 52:
Forschungsstelle für Azetylen, Dortmund
Untersuchungen über den Umsatz bei der explosiblen Zersetzung von Azetylen
   a) Zersetzung von gasförmigem Azetylen,
   b) Zersetzung von an Silikagel adsorbiertem Azetylen

Heft 53:
Professor Dr.-Ing. H. Opitz, Aachen
Reibwert- und Verschleißmessungen an Kunststoffgleitführungen für Werkzeugmaschinen

Heft 54:
Professor Dr.-Ing. habil. F. A. F. Schmidt, Aachen
Schaffung von Grundlagen für die Erhöhung der spez. Leistung und Herabsetzung des spez. Brennstoffverbrauches bei Ottomotoren mit Teilbericht über Arbeiten an einem neuen Einspritzverfahren

Heft 55:
Forschungsgesellschaft Blechverarbeitung, Düsseldorf
Chemisches Glänzen von Messing und Neusilber

Heft 56:
Forschungsgesellschaft Blechverarbeitung, Düsseldorf
Untersuchungen über einige Probleme der Behandlung von Blechoberflächen

Heft 57:
Prof. Dr.-Ing. habil. F. A. F. Schmidt, Aachen
Untersuchungen zur Erforschung des Einflusses des chemischen Aufbaues des Kraftstoffes auf sein Verhalten im Motor und in Brennkammern von Gasturbinen.

Heft 58:
Gesellschaft für Kohlentechnik m. b. H., Dortmund
Herstellung und Untersuchung von Steinkohlenschwelteer.

Heft 59:
Forschungsinstitut der Feuerfest-Industrie, Bonn
Ein Schnellanalysenverfahren zur Bestimmung von Aluminiumoxyd, Eisenoxyd und Titanoxyd in feuerfestem Material mittels organischer Farbreagenzien auf photometrischem Wege
Untersuchungen des Alkali-Gehaltes feuerfester Stoffe mit dem Flammenphotometer nach Riehm-Lange

Heft 60:
Forschungsgesellschaft Blechverarbeitung e. V., Düsseldorf
Untersuchungen über das Spritzlackieren im elektrostatischen Hochspannungsfeld

Heft 61:
Verein zur Förderung von Forschungs- und Entwicklungsarbeiten in der Werkzeugindustrie e. V., Remscheid
Schwingungs- und Arbeitsverhalten von Kreissägeblättern für Holz

Heft 62:
Professor Dr. W. Franz, Institut für theoretische Physik der Universität Münster
Berechnung des elektrischen Durchschlags durch feste und flüssige Isolatoren

Heft 63:
Textilforschungsanstalt Krefeld
Neue Methoden zur Untersuchung der Wirkungsweise von Textilhilfsmitteln
Untersuchungen über Schlichtungs- und Entschlichtungsvorgänge

Heft 64:
Textilforschungsanstalt Krefeld
Die Kettenlängenverteilung von hochpolymeren Faserstoffen
Über die fraktionierte Fällung von Polyamiden

Heft 65:
Fachverband Schneidwarenindustrie, Solingen
Untersuchungen über das elektrolytische Polieren von Tafelmesserklingen aus rostfreiem Stahl

Heft 66:
Dr.-Ing. Peter Füsgen VDI †, Düsseldorf
Untersuchungen über das Auftreten des Ratterns bei selbsthemmenden Schneckengetrieben und seine Verhütung

Heft 67:
Heinrich Wösthoff o. H. G., Apparatebau, Bochum
Entwicklung einer chemisch-physikalischen Apparatur zur Bestimmung kleinster Kohlenoxyd-Konzentrationen

Heft 68:
Kohlenstoffbiologische Forschungsstation e. V., Essen
Algengroßkulturen im Sommer 1952
II. Über die unsterile Großkultur von Scenedesmus obliquus

Heft 69:
Wäschereiforschung Krefeld
Bestimmung des Faserabbaues bei Leinen unter besonderer Berücksichtigung der Leinengarnbleiche

Heft 70:
Wäschereiforschung Krefeld
Trocknen von Wäschestoffen

Heft 71:
Prof. Dr.-Ing. K. Leist, Aachen
Kleingasturbinen, insbesondere zum Fahrzeugantrieb

Heft 72:
Prof. Dr.-Ing. K. Leist, Aachen
Beitrag zur Untersuchung von stehenden geraden Turbinengittern mit Hilfe von Druckverteilungsmessungen

Heft 73:
Prof. Dr.-Ing. K. Leist, Aachen
Spannungsoptische Untersuchungen von Turbinenschaufelfüßen

Heft 74:
Max-Planck-Institut für Eisenforschung, Düsseldorf
Versuche zur Klärung des Umwandlungsverhaltens eines sonderkarbidbildenden Chromstahls

Heft 75:
Max-Planck-Institut für Eisenforschung, Düsseldorf
Zeit-Temperatur-Umwandlungs-Schaubilder als Grundlage der Wärmebehandlung der Stähle

Heft 76:
Max-Planck-Institut für Arbeitsphysiologie, Dortmund
Arbeitstechnische und arbeitsphysiologische Rationalisierung von Mauersteinen

Heft 77:
Meteor Apparatebau Paul Schmeck G. m. b. H., Siegen
Entwicklung von Leuchtstoffröhren hoher Leistung

Heft 78:
Forschungsstelle für Acetylen, Dortmund
Über die Zustandsgleichung des gasförmigen Acetylens und das Gleichgewicht Acetylen—Aceton

Heft 79:
Techn.-Wissenschaftl. Büro für die Bastfaserindustrie, Bielefeld
Trocknung von Leinengarnen III
Spinnspulen- und Spinnkopstrocknung
Vorgang und Einwirkung auf die Garnqualität

Heft 80:
Techn.-Wissenschaftl. Büro für die Bastfaserindustrie, Bielefeld
Die Verarbeitung von Leinengarn auf Webstühlen mit und ohne Oberbau

Heft 81:
Prüf- und Forschungsinstitut für Ziegeleierzeugnisse, Essen-Kray
Die Einführung des großformatigen Einheits-Gitterziegels im Lande Nordrhein-Westfalen

Heft 82:
Vereinigte Aluminium-Werke AG., Bonn
Forschungsarbeiten auf dem Gebiet der Veredelung von Aluminium-Oberflächen

Heft 83:
Prof. Dr. S. Strugger, Münster
Über die Struktur der Proplastiden

Heft 84:
Dr. med. habil., Dr. phil. H. Baron, Düsseldorf
Über Standardisierung von Wundtextilien

Heft 85:
Textilforschungsanstalt Krefeld
Physikalische Untersuchungen an Fasern, Fäden, Garnen und Geweben:
Untersuchungen am Knickscheuergerät nach Weltzien

Heft 86:
Professor Dr.-Ing. H. Opitz, Aachen
Untersuchungen über das Fräsen von Baustahl sowie über den Einfluß des Gefüges auf die Zerspanbarkeit

Heft 87:
Gemeinschaftsausschuß Verzinken, Düsseldorf
Untersuchungen über Güte von Verzinkungen

Heft 88:
Gesellschaft für Kohlentechnik mbH., Dortmund-Eving
Oxydation von Steinkohle mit Salpetersäure

Heft 89:
Verein Deutscher Ingenieure, Gleitlagerforschung, Düsseldorf und Prof. Dr.-Ing. G. Vogelpohl, Göttingen
Versuche mit Preßstoff-Lagern für Walzwerke

Heft 90:
Forschungs-Institut der Feuerfest-Industrie, Bonn
Das Verhalten von Silikasteinen im Siemens-Martin-Ofengewölbe

Heft 91:
Forschungs-Institut der Feuerfest-Industrie, Bonn
Untersuchungen des Zusammenhangs zwischen Leistung und Kohlenverbrauch von Kammeröfen zum Brennen von feuerfesten Materialien

Heft 92:
Techn.-Wissenschaftl. Büro für die Bastfaserindustrie, Bielefeld und Laboratorium für textile Meßtechnik, M.-Gladbach
Messungen von Vorgängen am Webstuhl

Heft 93:
Prof. Dr. W. Kast, Krefeld
Spinnversuche zur Strukturerfassung künstlicher Zellulosefasern

Heft 94:
Prof. Dr. phil. habil. G. Winter, Bonn
Die Heilpflanzen des MATTHIOLUS (1611) gegen Infektionen der Harnwege und Verunreinigung der Wunden bzw. zur Förderung der Wundheilung im Lichte der Antibiotikaforschung

Heft 95:
Prof. Dr. phil. habil. G. Winter, Bonn
Untersuchungen über die flüchtigen Antibiotika aus der Kapuziner- (Tropaeolum maius) und Gartenkresse (Lepidium sativum) und ihr Verhalten im menschlichen Körper bei Aufnahme von Kapuziner- bzw. Gartenkressensalat per os

Heft 96:
Dr.-Ing. P. Koch, Dortmund
Austritt von Exoelektronen aus Metalloberflächen unter Berücksichtigung der Verwendung des Effektes für die Materialprüfung

Heft 97:
Ing. H. Stein, M.-Gladbach
Laboratorium für textile Meßtechnik
Untersuchung der Verzugsvorgänge an den Streckwerken verschiedener Spinnereimaschinen
2. Bericht: Ermittlung der Haft-Gleiteigenschaften von Faserbändern und Vorgarnen

Heft 98:
Fachverband Gesenkschmieden, Hagen
Die Arbeitsgenauigkeit beim Gesenkschmieden unter Hämmern

Heft 99:
Prof. Dr.-Ing. G. Garbotz, Aachen
Der Kraft- und Arbeitsaufwand sowie die Leistungen beim Biegen von Bewehrungsstählen in Abhängigkeit von den Abmessungen, den Formen und der Güte der Stähle (Ermittlung von Leistungsrichtlinien)

Heft 100:
Prof. Dr.-Ing. H. Opitz, Aachen
Untersuchungen von elektrischen Antrieben, Steuerungen und Regelungen an Werkzeugmaschinen

Heft 101:
Prof. Dr.-Ing. H. Opitz, Aachen
Wirtschaftlichkeitsbetrachtungen beim Außenrundschleifen

Heft 102:
Dr. phil. habil. P. Hölemann, Ing. R. Hasselmann und Ing. G. Dix, Dortmund
Untersuchungen über die thermische Zündung von explosiblen Azetylenzersetzungen in Kapillaren

Heft 103:
Prof. Dr. phil. W. Weizel, Bonn
Durchführung von experimentellen Untersuchungen über den zeitlichen Ablauf von Funken in komprimierten Edelgasen sowie zu deren mathematischen Berechnung

Heft 104:
Prof. Dr. phil. W. Weizel, Bonn
Über den Einfluß der Elektroden auf die Eigenschaften von Cadmium-Sulfid-Widerstands-Photozellen

Heft 105:
Dr.-Ing. R. Meldau, Harsewinkel/Westf.
Auswertung von Gekörn – Analysen des Musterstaubes „Flugasche Fortuna I"

Heft 106:
ORR. Dr.-Ing. W. Küch, Dortmund
Untersuchungen über die Einwirkung von feuchtigkeitsgesättigter Luft auf die Festigkeit von Leimverbindungen

Heft 107:
Prof. Dr. phil. H. Lange, Köln
Dipl.-Phys. P. St. Pütter, Köln
Über die Konstruktion von Laboratoriumsmagneten

Heft 108:
Prof. Dr. phil. W. Fuchs, Aachen
Untersuchungen über neue Beizmethoden und Beizabwässer
I. Die Entzunderung von Drähten mit Natriumhydrid
II. Die Aufbereitung von Beizabwässern

Heft 109:
Dr. phil. habil. P. Hölemann und Ing. R. Hasselmann, Dortmund
Untersuchungen über die Löslichkeit von Azetylen in verschiedenen organischen Lösungsmitteln

Heft 110:
Dr. phil. habil. P. Hölemann und Ing. R. Hasselmann, Dortmund
Untersuchungen über den Druckverlauf bei der explosiblen Zersetzung von gasförmigem Azetylen

Heft 111:
Fachverband Steinzeugindustrie, Köln
Die Entwicklung eines Gerätes zur Beschickung seitlicher Feuer von Steinzeug-Einzelkammeröfen mit festen Brennstoffen

Heft 112:
Prof. Dr.-Ing. H. Opitz, Aachen
Verschleißmessungen beim Drehen mit aktivierten Hartmetallwerkzeugen

Heft 113:
Prof. Dr. med. O. Graf, Dortmund
Erforschung der geistigen Ermüdung und nervösen Belastung: Studien über die vegetative 24-Stunden-Rhythmik in Ruhe und unter Belastung

Heft 114:
Prof. Dr. med. O. Graf, Dortmund
Studien über Fließarbeitsprobleme an einer praxisnahen Experimentieranlage

Heft 115:
Prof. Dr. med. O. Graf, Dortmund
Studium über Arbeitspausen in Betrieben bei freier und zeitgebundener Arbeit (Fließarbeit) und ihre Auswirkung auf die Leistungsfähigkeit

Heft 116:
Prof. Dr.-Ing. E. Siebel und Dr.-Ing. H. Weise, Stuttgart
Untersuchungen an einigen Problemen des Tiefziehens — I. Teil

Heft 117:
Dr.-Ing. H. Beißwänger, Stuttgart, und Dr.-Ing. S. Schwandt, Trier
Untersuchungen an einigen Problemen des Tiefziehens — II. Teil

Heft 118:
Prof. Dr. med. E. A. Müller und Dr. med. H. G. Wenzel, Dortmund
Neuartige Klima-Anlage zur Erzeugung ungleicher Luft- und Strahlungstemperaturen in einem Versuchsraum

Heft 119:
Dr.-Ing. O. Viertel, Krefeld
Wäscherei- und energietechnische Untersuchung einer Gemeinschafts-Waschanlage

Heft 120:
Dipl.-Ing. Weisbecker, Lüdenscheid
Über Anfressung an Reinstaluminium-Schweißnähten bei der elektrolytischen Oxydation
Gebr. Hörstermann GmbH., Velbert
Entwicklung und Erprobung eines neuartigen Gummibandförderers

Heft 121:
Dr. rer. nat. H. Krebs, Bonn
I. Die Struktur und die Eigenschaften der Halbmetalle
II. Die Bestimmung der Atomverteilung in amorphen Substanzen
III. Die chemische Bindung in anorganischen Festkörpern und das Entstehen metallischer Eigenschaften

Heft 122:
Prof. Dr. phil. W. Fuchs, Aachen
Untersuchungen zur Verbesserung der Wasseraufbereitung und Wasseranalyse:
Über die Schnellbewertung von Ionenaustauscher

Heft 123:
Dipl.-Ing. J. Emondts, Aachen
Über Bodenverformungen bei stark gestörtem und mächtigem, wasserführendem Deckgebirge im Aachener Steinkohlengebiet

Heft 124:
Prof. Dr. R. Seÿffert, Köln
Wege und Kosten der Distribution der Hausratwaren im Lande Nordrhein-Westfalen

Heft 125:
Prof. Dr. phil. E. Kappler, Münster
Eine neue Methode zur Bestimmung von Kondensations-Keoffizienten von Wasser

Heft 126:
Prof. Dr.-Ing. habil. J. Mathieu, Aachen
Arbeitszeitvergleich
Grundlagen, Methodik und praktische Durchführung

Heft 127:
Güteschutz Betonstein e.V.,
Arbeitskreis Nordrhein-Westfalen, Dortmund
Die Betonwaren-Gütesicherung im Lande Nordrhein-Westfalen

Heft 128:
Prof. Dr. phil. O. Schmitz-DuMont, Bonn
Untersuchungen über Reaktionen in flüssigem Ammoniak

VERÖFFENTLICHUNGEN DER ARBEITSGEMEINSCHAFT FÜR FORSCHUNG DES LANDES NORDRHEIN-WESTFALEN

Im Auftrage des Ministerpräsidenten Karl Arnold
Herausgegeben von Staatssekretär Prof. Leo Brandt

Heft 1:
Prof. Dr.-Ing. Friedrich Seewald, Technische Hochschule Aachen
Neue Entwicklungen auf dem Gebiete der Antriebsmaschinen
Prof. Dr.-Ing. Friedrich A. F. Schmidt, Technische Hochschule Aachen
Technischer Stand und Zukunftsaussichten der Verbrennungsmaschinen, insbesondere der Gasturbinen
Dr.-Ing. R. Friedrich, Siemens-Schuckert-Werke A.-G., Mülheimer Werk
Möglichkeiten und Voraussetzungen der industriellen Verwertung der Gasturbine

Heft 2:
Prof. Dr.-Ing. Wolfgang Riezler, Universität Bonn
Probleme der Kernphysik
Prof. Dr. phil. Fritz Micheel, Universität Münster,
Isotope als Forschungsmittel in der Chemie und Biochemie

Heft 3:
Prof. Dr. med. Emil Lehnartz, Universität Münster
Der Chemismus der Muskelmaschine
Prof. Dr. med. Gunther Lehmann, Direktor des Max-Planck-Instituts für Arbeitsphysiologie, Dortmund
Physiologische Forschung als Voraussetzung der Bestgestaltung der menschlichen Arbeit
Prof. Dr. Heinrich Kraut, Max-Planck-Institut für Arbeitsphysiologie, Dortmund
Ernährung und Leistungsfähigkeit

Heft 4:
Prof. Dr. Franz Wever, Max-Planck-Institut für Eisenforschung, Düsseldorf
Aufgaben der Eisenforschung
Prof. Dr.-Ing. Hermann Schenck, Technische Hochschule Aachen
Entwicklungslinien des deutschen Eisenhüttenwesens
Prof. Dr.-Ing. Max Haas, Techn. Hochschule Aachen
Wirtschaftliche und technische Bedeutung der Leichtmetalle und ihre Entwicklungsmöglichkeiten

Heft 5:
Prof. Dr. med. Walter Kikuth, Medizinische Akademie Düsseldorf
Virusforschung
Prof. Dr. Rolf Danneel, Universität Bonn
Fortschritte der Krebsforschung
Prof. Dr. med. Dr. phil. W. Schulemann, Univ. Bonn
Wirtschaftliche und organisatorische Gesichtspunkte für die Verbesserung unserer Hochschulforschung

Heft 6:
Prof. Dr. Walter Weizel, Institut für theoretische Physik, Bonn
Die gegenwärtige Situation der Grundlagenforschung in der Physik
Prof. Dr. Siegfried Strugger, Universität Münster
Das Duplikantenproblem in der Biologie
Prof. Dr. Rolf Danneel, Universität Bonn
Über das Verhalten der Mitochondrien bei der Mitose der Mesenchymzellen des Hühner-Embryos
Direktor Dr. Fritz Gummert, Ruhrgas A.-G., Essen
Überlegungen zu den Faktoren Raum und Zeit im biologischen Geschehen und Möglichkeiten einer Nutzanwendung

Heft 7:
Prof. Dr.-Ing. August Götte, Technische Hochschule Aachen
Steinkohle als Rohstoff und Energiequelle
Prof. Dr. e. h. Karl Ziegler, Max-Planck-Institut für Kohlenforschung Mülheim a. d. Ruhr
Über Arbeiten des Max-Planck-Instituts für Kohlenforschung

Heft 8:
Prof. Dr.-Ing. Wilhelm Fucks, Technische Hochschule Aachen
Die Naturwissenschaft, die Technik und der Mensch
Prof. Dr. sc. pol. Walther Hoffmann, Universität Münster
Wirtschaftliche und soziologische Probleme des technischen Fortschritts

Heft 9:
Prof. Dr.-Ing. Franz Bollenrath, Technische Hochschule Aachen
Zur Entwicklung warmfester Werkstoffe
Dr. Heinrich Kaiser, Staatl. Materialprüfungsamt Dortmund
Stand spektralanalytischer Prüfverfahren und Folgerung für deutsche Verhältnisse

Heft 10:
Prof. Dr. Hans Braun, Universität Bonn
Möglichkeiten und Grenzen der Resistenzzüchtung
Prof. Dr.-Ing. Carl Heinrich Dencker, Universität Bonn
Der Weg der Landwirtschaft von der Energieautarkie zur Fremdenergie

Heft 11:
Prof. Dr.-Ing. Herwart Opitz, Technische Hochschule Aachen
Entwicklungslinien der Fertigungstechnik in der Metallbearbeitung
Prof. Dr.-Ing. Karl Krekeler, Technische Hochschule Aachen
Stand und Aussichten der schweißtechnischen Fertigungsverfahren

Heft: 12
Dr. Hermann Rathert, Mitglied des Vorstandes der Vereinigten Glanzstoff-Fabriken A.-G., Wuppertal-Elberfeld
Entwicklung auf dem Gebiet der Chemiefaser-Herstellung
Prof. Dr. Wilhelm Weltzien, Direktor der Textilforschungsanstalt Krefeld
Rohstoff und Veredlung in der Textilwirtschaft

Heft: 13
Dr.-Ing. e. h. Karl Herz, Chefingenieur im Bundesministerium für das Post- und Fernmeldewesen Frankfurt a. Main
Die technischen Entwicklungstendenzen im elektrischen Nachrichtenwesen
Ministerialdirektor Dipl.-Ing. Leo Brandt, Düsseldorf
Navigation und Luftsicherung

Heft 14:
Prof. Dr. Burckhardt Helferich, Universität Bonn
Stand der Enzymchemie und ihre Bedeutung
Prof. Dr. med. Hugo W. Knipping, Direktor der Med. Universitätsklinik Köln
Ausschnitt aus der klinischen Carcinomforschung am Beispiel des Lungenkrebses

Heft 15:
Prof. Dr. Abraham Esau, Technische Hochschule Aachen
Die Bedeutung von Wellenimpulsverfahren in Technik und Natur
Prof. Dr.-Ing. Eugen Flegler, Technische Hochschule Aachen
Die ferromagnetischen Werkstoffe in der Elektrotechnik und ihre neueste Entwicklung

Heft 16:
Prof. Dr. rer. pol. Rudolf Seyffert, Universität Köln
Die Problematik der Distribution
Prof. Dr. rer. pol. Theodor Beste, Universität Köln
Der Leistungslohn

Heft 17:
Prof. Dr.-Ing. Friedrich Seewald, Technische Hochschule Aachen
Die Flugtechnik und ihre Bedeutung für den allgemeinen technischen Fortschritt
Prof. Dr.-Ing. Edouard Houdremont, Essen
Art und Organisation der Forschung in einem Industriekonzern

Heft 18:

Prof. Dr. med. Dr. phil. W. Schulemann, Universität Bonn

Theorie und Praxis pharmakologischer Forschung

Prof. Dr. Wilhelm Groth, Direktor des Physikalisch-Chemischen Instituts, Universität Bonn

Technische Verfahren zur Isotopentrennung

Heft 19:

Dipl.-Ing. Kurt Traenckner, Stellvertr. Vorstandsmitglied der Ruhrgas-A.G., Essen

Entwicklungstendenzen der Gaserzeugung

Heft 20:

M. Zvegintzov

Wissenschaftliche Forschung und die Auswertung ihrer Ergebnisse. Ziel und Tätigkeit der National Research Development Corporation

Dr. Alexander King, Department of Scientific & Industrial Research, London

Wissenschaft und internationale Beziehungen

Heft 21:

Prof. Dr. phil. Robert Schwarz, Aachen

Wesen und Bedeutung der Silicium-Chemie

Prof. Dr. Kurt Alder, Universität Köln

Fortschritte in der Synthese von Kohlenstoffverbindungen

Heft 21 a

Jahresfeier der Arbeitsgemeinschaft für Forschung des Landes Nordrhein-Westfalen am 21. 5. 1952 in Düsseldorf mit Ansprachen des Herrn Bundespräsidenten Professor Dr. Theodor Heuss, des Herrn Ministerpräsidenten Arnold, Frau Kultusminister Teusch, der Herren Professor Dr. Hahn, Professor Dr. Strugger, Vizepräsident Dobbert, Professor Dr. Richter, Professor Dr. Fucks.

Heft 22:

Prof. Dr. Johannes von Allesch, Universität Göttingen

Die Bedeutung der Psychologie im öffentlichen Leben

Prof. Dr. med. Otto Graf, Max-Planck-Institut für Arbeitsphysiologie, Dortmund

Triebfedern menschlicher Leistung

Heft 23:

Prof. Dr. phil. Dr. jur. h. c. Bruno Kuske, Universität Köln

Probleme der Raumforschung

Prof. Dr. Dr.-Ing. e. h. Prager

Städtebau und Landesplanung

Heft 24:

Prof. Dr. Rolf Danneel, Universität Bonn

Über die Wirkungsweise der Erbfaktoren

Prof. Dr. K. Herzog, Medizinische Akademie Düsseldorf

Bewegungsbedarf der menschlichen Gliedmaßengelenke bei der Berufsarbeit

Heft 25:

Prof. Dr. O. Haxel, Heidelberg

Energiegewinnung aus Kernprozessen

Dr. Dr. Max Wolf, Düsseldorf

Gegenwartsprobleme der energiewirtschaftlichen Forschung

Heft 26:

Prof. Dr. Friedrich Becker, Universität Bonn

Ultrakurzwellen aus dem Weltraum, ein neues Forschungsgebiet der Astronomie

Dozent Dr. H. Straßl, Bonn

Bemerkenswerte Doppelsterne und das Problem der Sternentwicklung

Heft 27:

Prof. Dr. Heinrich Behnke, Universität Münster

Der Strukturwandel der Mathematik in der ersten Hälfte des 20. Jahrhunderts

Prof. Dr. E. Sperner, Bonn

Eine mathematische Analyse der Luftdruckverteilungen in großen Gebieten

Heft 28:

Prof. Dr. O. Niemczyk, Aachen

Die Problematik gebirgsmechanischer Vorgänge im Steinkohlenbergbau

Prof. Dr. W. Ahrens, Krefeld

Die Bedeutung geologischer Forschung für die Wirtschaft, besonders in Nordrhein-Westfalen

Heft 29:

Prof. Dr. B. Rensch, Münster

Das Problem der Residuen bei Lernleistungen

Prof. Dr. H. Fink, Köln

Über Leberschäden bei der Bestimmung des biologischen Wertes verschiedener Eiweiße von Mikroorganismen

Heft 30:
Prof. Dr.-Ing. F. Seewald, Aachen
Forschungen auf dem Gebiete der Aerodynamik
Prof. Dr.-Ing. K. Leist, Aachen
Forschungen in der Gasturbinentechnik

Heft 31:
Direktor Dr. F. Mietzsch, Wuppertal
Chemie und wirtschaftliche Bedeutung der Sulfonamide
Prof. Dr. G. Domagk, Wuppertal
Die experimentellen Grundlagen der Chemotherapie der bakteriellen Infektionen

Heft 32:
Prof. Dr. Hans Braun, Universität Bonn
Die Verschleppung von Pflanzenkrankheiten und -schädlingen über die Welt
Prof. Dr. Wilhelm Rudorf, Max-Planck-Institut für Züchtungsforschung, Voldagsen
Der Beitrag von Genetik und Züchtung zur Bekämpfung von Viruskrankheiten der Nutzpflanzen

Heft 33:
Prof. Dr.-Ing. V. Aschoff, Aachen
Probleme der elektroakustischen Einkanalübertragung
Prof. Dr.-Ing. H. Döring, Aachen
Erzeugung und Verstärkung von Mikrowellen

Heft 34:
Geheimrat Prof. Dr. Rudolf Schenck, Aachen
Bedingungen und Gang der Kohlenhydratsynthese im Licht
Prof. Dr. Emil Lehnartz, Universität Münster
Die Endstufen des Stoffabbaus im Organismus

Heft 35:
Prof. Dr.-Ing. H. Schenk, Aachen
Gegenwartsprobleme der Eisenindustrie in Deutschland
Prof. Dr.-Ing. E. Piwowarsky, Aachen
Gelöste und ungelöste Probleme des Gießereiwesens

Heft 36:
Prof. Dr. W. Riezler, Bonn
Teilchenbeschleuniger
Prof. Dr. med. G. Schubert, Hamburg
Anwendung neuer Strahlenquellen in der Krebstherapie

Heft 37:
Prof. Dr. F. Lotze, Münster
Probleme der Gebirgsbildung
Bergwerksdirektor Bergassessor a. D. Rauschenbach, Essen
Die Erhaltung der Förderungskapazität des Ruhrbergbaues auf lange Sicht

Heft 38:
Dr. E. C. Cherry, D. Sc., A.M.I.E.E., London
Cybernetics
Prof. Dr. E. Pietsch, Clausthal-Zellerfeld
Dokumentation und mechanisches Gedächtnis — zur Frage der Ökonomie der geistigen Arbeit

Heft 39:
Dr. H. Haase, Hamburg
Infrarot und seine technischen Anwendungen
Prof. Dr. A. Esau, Aachen
Die Bedeutung des Ultraschalls für technische Anwendungsgebiete

Heft 40:
Bergassessor F. Lange, Bochum-Hordel
Die wissenschaftliche und soziale Bedeutung der Silikose im Bergbau
Prof. Dr. W. Kikuth, Düsseldorf
Die Entstehung der Silikose und ihre Verbreitungsmaßnahmen

Heft 40a:
Prof. Dr. E. Groß, Bonn
Berufskrebs und Krebsforschung
Prof. Dr. H. W. Knipping, Köln
Die Situation der Krebsforschung vom Standpunkt der Klinik und des praktischen Arztes

Heft 41:
Dr.-Ing. G. V. Lachmann, Teddington
An einer neuen Entwicklungsschwelle im Flugzeugbau
Dr. A. Gerber, Zürich
Stand der Entwicklung der Raketen- und Lenktechnik

Heft 42:
Prof. Dr. Theodor Kraus, Köln
Lokalisationsphänomene und Raumordnung vom Standpunkt der geographischen Wissenschaft
Direktor Dr. Fritz Gummert, Essen
Vom Ernährungsversuchsfeld der Kohlenstoffbiologischen Forschungsstation Essen (Ein 6 Jahre lang

durchgeführter Versuch, einen Menschen aus dem Ertrag von 1250 qm zu ernähren).

Heft 43:
Prof. Giovanni Lampariello, Rom
Über Leben und Werk von Heinrich Hertz
Prof. Dr. Walter Weizel, Bonn
Über das Problem der Kausalität in der Physik

Heft 44:
Prof. Dr. Burckhardt Helferich, Bonn
Über Glykoside
Prof. Dr. Fritz Micheel, Münster
Kohlenhydrat-Eiweißverbindungen und ihre biochemische Bedeutung

Heft 45:
Prof. Dr. John von Neumann, Princeton/USA
Entwicklung und Ausnutzung neuerer mathematischer Maschinen
Prof. Dr. E. Stiefel, Zürich
Rechenautomaten im Dienste der Technik mit Beispielen aus dem Züricher Institut für angewandte Mathematik

Geisteswissenschaften

Heft 1:
Prof. Dr. W. Richter, Bonn,
Die Bedeutung der Geisteswissenschaften für die Bildung unserer Zeit
Prof. Dr. J. Ritter, Münster,
Die aristotelische Lehre vom Ursprung und Sinn der Theorie

Heft 2:
Prof. Dr. J. Kroll, Köln,
Elysium
Prof. Dr. G. Jachmann, Köln,
Die vierte Ekloge Vergils

Heft 3:
Prof. Dr. H. E. Stier, Münster,
Die klassische Demokratie

Heft 4:
Prof. Dr. W. Caskel, Köln,
Lihjan und Lihjanisch. Sprache und Kultur eines früharabischen Königreiches

Heft 5:
Prof. Dr. Th. Ohm, Münster,
Stammesreligionen im südlichen Tanganyika-Territorium. — Religionswissenschaftliche Ergebnisse meiner Ostafrikareise 1951

Heft 6:
Prälat Prof. Dr. G. Schreiber, Münster,
Deutsche Wissenschaftspolitik von Bismarck bis zum Atomphysiker Otto Hahn

Heft 7:
Prof. Dr. W. Holtzmann, Bonn,
Das mittelalterliche Imperium und die werdenden Nationen

Heft 8:
Prof. Dr. W. Caskel, Köln,
Die Bedeutung der Beduinen in der Geschichte der Araber

Heft 9:
Prälat Prof. Dr. Georg Schreiber, Münster
Iroschottische Motive im abendländischen Sakralraum

Heft 10:
Prof. Dr. P. Rassow, Köln,
Forschungen zur Reichsidee im 16. und 17. Jahrhundert

Heft 11:
Prof. Dr. H. E. Stier, Münster,
Roms Aufstieg zur Weltherrschaft

Heft 12:
Prof. Dr. D. K. H. Rengstorf, Münster,
Zum Problem der Gleichberechtigung zwischen Mann und Frau auf dem Boden des Urchristentums
Prof. Dr. H. Conrad, Bonn,
Grundprobleme einer Reform des Familienrechts

Heft 13:
Professor Dr. Max Braubach, Bonn,
Der Weg zum 20. Juli 1944 — Ein Forschungsbericht

Heft 14:
Prof. Dr. Paul Hübinger, Münster
Das deutsch-französische Verhältnis und seine mittelalterlichen Grundlagen

Heft 15:
Prof. Dr. Franz Steinbach, Bonn,
Der geschichtliche Weg des wirtschaftenden Menschen in die soziale Freiheit und politische Verantwortung

Heft 16:
Prof. Dr. Josef Koch, Köln,
Die Ars coniecturalis des Nikolaus von Cues

Heft 17:
Dr. James B. Conant,
U.S.-Hochkommissar für Deutschland,
Staatsbürger und Wissenschaftler
Prof. Dr. D. Karl Heinrich Rengstorf, Münster,
Antike und Christentum

Heft 18:
Prof. Dr. Richard Alewyn, Köln,
Klopstocks Publikum

Heft 19:
Prof. Dr. Fritz Schalk, Köln,
Das Lächerliche in der französischen Literatur des Ancien Régime

Heft 20:
Prof. Dr. Ludwig Raiser, Bad Godesberg,
Präsident der Deutschen Forschungsgemeinschaft
Rechtsfragen der Mitbestimmung

Heft 21:
Prof. D. Martin Noth, Bonn,
Das Geschichtsverständnis der alttestamentlichen Apokalyptik

Heft 22:
Prof. Dr. Walter F. Schirmer, Bonn
Glück und Ende der Könige in Shakespeares Historien

Heft 23:
Prof. Dr. Günther Jachmann, Köln
Der homerische Schiffskatalog und die Ilias

Heft 24:
Prof. Dr. Theodor Klauser, Bonn
Die römischen Petrustraditionen im Lichte der neuen Ausgrabungen unter der Peterskirche

Heft 25:
Prof. Dr. Hans Peters, Köln
Der Grundsatz der Gewaltentrennung in heutiger Sicht

Heft 26:
Prof. Dr. Fritz Schalk, Köln
Calderon und die Mythologie

Heft 27:
Prof. Dr. Josef Kroll, Köln
Vom Leben Geflügelter Worte

Heft 28:
Prof. Dr. Thomas Ohm
Die Religionen in Asien

Heft 29:
Prof. Dr. Leo Weisgerber, Bonn
Die Ordnung der Sprache im persönlichen und öffentlichen Leben

Heft 30:
Prof. Dr. Werner Caskel, Köln
Entdeckungen in Arabien

Heft 31:
Prof. Dr. Max Braubach, Bonn
Entstehung und Entwicklung der landesgeschichtlichen Bestrebungen und historischen Vereine im Rheinland

Heft 32:
Prof. Dr. Fritz Schalk, Köln
Somnium und verwandte Wörter in den romanischen Sprachen

If you have any concerns about our products,
you can contact us on
ProductSafety@springernature.com

In case Publisher is established outside the EU,
the EU authorized representative is:
**Springer Nature Customer Service Center GmbH
Europaplatz 3, 69115 Heidelberg, Germany**

Printed by Libri Plureos GmbH
in Hamburg, Germany